青少年编程能力标准
第 5 部分：
人工智能编程一级要点解读

青少年人工智能编程能力等级测试教程编委会　编著

U0252578

清华大学出版社
北京

内 容 简 介

本书依据《青少年编程能力等级 第 5 部分：人工智能编程》(T/CERACU/AFCEC 100.5—2022)标准进行编写。本书对青少年编程能力等级人工智能编程一级标准的要点做了清晰的讲解。

本书共包含四大专题：人工智能的基本概念、人工智能编程、人工智能应用和人工智能的发展与挑战。其基于人工智能编程平台及人工智能硬件等工具，对标准中人工智能编程一级进行了详细解析，提出了青少年需要达到的人工智能一级标准的要点。例如，掌握人工智能基础知识和实现技能，能够根据实际问题的需求修改程序等。同时，对要点和学习方法进行了系统性的梳理和说明，并结合题目进行了讲解，以便读者更好地理解相关知识。

本书适合参加 PAAT 全国青少年编程能力等级测试的考生备考使用，也可作为人工智能初学者的参考用书。

图书在版编目（CIP）数据

青少年编程能力标准.第 5 部分，人工智能编程一级要点解读 / 青少年人工智能编程能力等级测试教程编委会编著 . —北京：清华大学出版社，2023.2
　（青少年人工智能与编程系列丛书）
　ISBN 978-7-302-62954-2

Ⅰ. ①青… Ⅱ. ①青… Ⅲ. ①软件工具 – 程序设计 – 青少年读物 Ⅳ. ① TP311.561-49

中国国家版本馆 CIP 数据核字（2023）第 034986 号

责任编辑：谢　琛
封面设计：刘　键
责任校对：郝美丽
责任印制：朱雨萌

出版发行：清华大学出版社
　　　　网　　　址：http://www.tup.com.cn, http://www.wqbook.com
　　　　地　　　址：北京清华大学学研大厦 A 座　　　　邮　　编：100084
　　　　社 总 机：010-83470000　　　　邮　　购：010-62786544
　　　　投稿与读者服务：010-62776969, c-service@tup.tsinghua.edu.cn
　　　　质量反馈：010-62772015, zhiliang@tup.tsinghua.edu.cn
印 装 者：天津鑫丰华印务有限公司
经　　销：全国新华书店
开　　本：185mm×260mm　　　印　　张：6.75　　　字　　数：93 千字
版　　次：2023 年 4 月第 1 版　　　印　　次：2023 年 4 月第1次印刷
定　　价：39.00 元

产品编号：099928-01

序

为了规范青少年编程教育培训的课程、内容规范及考试，全国高等学校计算机教育研究会于 2019—2022 年陆续推出了一套《青少年编程能力等级》团体标准，包括以下 5 个标准：

• 《青少年编程能力等级 第 1 部分：图形化编程》（T/CERACU/AFCEC/SIA/CNYPA 100.1—2019）

• 《青少年编程能力等级 第 2 部分：Python 编程》（T/CERACU/AFCEC/SIA/CNYPA 100.2—2019）

• 《青少年编程能力等级 第 3 部分：机器人编程》（T/CERACU/AFCEC 100.3—2020）

• 《青少年编程能力等级 第 4 部分：C++ 编程》（T/CERACU/AFCEC 100.4—2020）

• 《青少年编程能力等级 第 5 部分：人工智能编程》（T/CERACU/AFCEC 100.5—2022）

本套丛书围绕这套标准，由全国高等学校计算机教育研究会组织相关高校计算机专业教师、经验丰富的青少年信息科技教师共同编写，旨在为广大学生、教师、家长提供一套科学严谨、内容完整、讲解详尽、通俗易懂的青少年编程培训教材，并包含教师参考书及教师培训教材。

这套丛书的编写特点是学生好学、老师好教、循序渐进、循循善诱，并且符合青少年的学习规律，有助于提高学生的学习兴趣，进而提高教学效率。

学习，是从人一出生就开始的，并不是从上学时才开始的；学习，是无处不在的，并不是坐在课堂、书桌前的事情；学习，是人与生俱来的本能，也是人类社会得以延续和发展的基础。那么，学习是快乐的还是枯燥的？青少年学习编程是为了什么？这些问题其实也没有固定的答案，一个人的角色不同，便会从不同角度去认识。

从小的方面讲，"青少年人工智能与编程系列丛书"就是要给孩子们一套易学易懂的教材，使他们在合适的年龄选择喜欢的内容，用最有效的方式，愉快地学点有用的知识，通过学习编程启发青少年的计算思维，培养提出问题、分析问题和解决问题的能力；从大的方面讲，就是为国家培养未来人工智能领域的人才进行启蒙。

学编程对应试有用吗？对升学有用吗？对未来的职业前景有用吗？这是很多家长关心的问题，也是很多培训机构试图回答的问题。其实，抛开功利，换一个角度来看，一个喜欢学习、喜欢思考、喜欢探究的孩子，他的考试成绩是不会差的，一个从小善于发现问题、分析问题、解决问题的孩子，未来必将是一个有用的人才。

安排青少年的学习内容、学习计划的时候，的确要考虑"有什么用"的问题，也就是要考虑学习目标。如果能引导孩子对为他设计的学习内容爱不释手，那么教学效果一定会好。

青少年学一点计算机程序设计，俗称"编程"，目的并不是要他能写出多么有用的程序，或者很生硬地灌输给他一些技术、思维方式，要他被动接受，而是要充分顺应孩子的好奇心、求知欲、探索欲，让他不断发现"是什么""为什么"，得到"原来如此"的豁然开朗的效果，进而尝试将自己想做的事情和做事情的逻辑写出来，交给计算机去实现并看到结果，获得"还可以这样啊"的欣喜，获得"我能做到"的信心和成就感。在这个过程中，自然而然地，他会愿意主动地学习技术，接受计算思维，体验发现问题、分析问题、解决问题的乐趣，从而提升自身的能力。

我认为在青少年阶段，尤其是对年龄比较小的孩子来说，不能过早地让他们感到学习是压力、是任务，而要学会轻松应对学习，满怀信心地面对需要解决的问题。这样，成年后面对同样的困难和问题，他们的信心会更强，抗压能力也会更强。

针对青少年的编程教育，如果教学方法不对，容易走向两种误区：第一种，想做到寓教于乐，但是只图了个"乐"，学生跟着培训班"玩儿"编程，最后只是玩儿，没学会多少知识，更别提能力了，白白占用了很多时间，这多是因为教材没有设计好，老师的专业水平也不够，只是哄孩子玩儿；第二种，选的教材还不错，但老师只是严肃认真地照本宣科，按照教材和教参去"执行"教学，学生很容易厌学、抵触。

本套丛书是一套能让学生爱上编程的书。丛书体现的"寓教于乐"，不是浅层次的"玩乐"，而是一步一步地激发学生的求知欲，引导学生深入计算机程序的世界，享受在其中遨游的乐趣，是更深层次的"乐"。在学生可能有疑问的每个知识点，引导他去探究；在学生无从下手不知如何解决问题的时候，循循善诱，引导他学会层层分解、化繁为简，自己探索解决问题的思维方法，并自然而然地学会相应的语法和技术。总之，这不是一套"灌"知识的书，也不是一套强化能力"训练"的书，而是能巧妙地给学生引导和启发，帮助他主动探索、解决问题，获得成就感，同时学会知识、提高能力。

丛书以《青少年编程能力等级》团体标准为依据，设定分级目标，逐级递进，学生逐级通关，每一级递进都不会觉得太难，又能不断获得阶段性成就，使学生越学越爱学，从被引导到主动探究，最终爱上编程。

优质教材是优质课程的基础，围绕教材的支持与服务将助力优质课程。初学者靠自己看书自学计算机程序设计是不容易的，所以这套教材是需要有老师教的。教学效果如何，老师至关重要。为老师、学校和教育机构提供良好的服务也是本套丛书的特点。丛书不仅包括主教材，还包括教师参考书、教师培训教材，能够帮助新的任课教师、新开课的学校和教育机构更快更好地建设优质课程。专业相关、有时间的家长，也可以借助教师培训教材、教师参考书学习和备课，然后伴随孩子一起学习，见证孩子的成长，分享孩子的成就。

成长中的孩子都是喜欢玩儿游戏的，很多家长觉得难以控制孩子玩计算机游戏。其实比起玩儿游戏，孩子更想知道游戏背后的事情，学习编程，让孩子体会到为什么计算机里能有游戏，并且可以自己设计简单的游戏，这样就揭去了游戏的神秘面纱，而不至于沉迷于游戏。

希望这套承载着众多专家和教师心血、汇集了众多教育培训经验、依据全国高等学校计算机教育研究会团体标准编写的丛书，能够成为广大青少年学习人工智能知识、编程技术和计算思维的伴侣和助手。

清华大学计算机系教授　郑　莉
2022 年 8 月于清华园

前　言

2017 年，国务院印发《新一代人工智能发展规划》，标志着我国为抢抓人工智能发展的重大战略机遇和构筑人工智能发展的先发优势而正式发力。2022 年，教育部发布《义务教育信息科技课程标准》（2022 年版），将信息科技从综合实践活动课程中独立出来，围绕数据、算法、网络、信息处理、信息安全、人工智能六条逻辑主线，设计义务教育全学段内容模块与跨学科主题。

为更好地进行人工智能普及教育，全国高等学校计算机教育研究会与全国高等院校计算机基础教育研究会，共同发布了全国信息技术标准化技术委员会教育技术分技术委员会（CELTSC）团体标准——《青少年编程能力等级　第 5 部分：人工智能编程》（T/CERACU/AFCEC 100.5—2022）。标准规定了青少年人工智能编程能力的等级及其对应的要点，为青少年人工智能的课程建设、教材建设和评测能力提供了依据。

青少年人工智能编程标准的意义是通过规定循序渐进的能力目标，规范青少年人工智能编程教育的课程建设、教材建设与能力测试。标准具体到知识点和每个知识点的要点，以标准为依据可以引导和规范培训内容及质量。对于学生的意义在于明确的分级使学生和家长能够按照自己的特点与需求选择合适的课程和学习级别、预期达到的目标。同时，学习期间的阶段性测评、全国或省市大范围的等级考试都依据标准，能够客观评价学生的编程能力。

为了引导师生对青少年人工智能编程标准能有更清晰的了解，由从事青少年编程能力研究专家、工作人员，以及在编程教育行业一线教师共同编写了本书。

本书为一级要点解读。全书共包含四大专题，即"人工智能的基本概念""人工智能编程""人工智能应用""人工智能的发展与挑战"。基于人工智能编程平台及人工智能硬件等工具，对青少年编程能力标准人工智能一级各个要点做出了详细解析，提出了青少年需要达到的人工智能一级标准的要点，包括青少年人工智能编程要掌握的内容：了解人工智能的特点与应用范围，理解大数据、算力与算法对人工智能技术的支撑作用，体验人工智能在相关领域的应用，初步掌握青少年人工智能编程的基础知识和基本方法。

本书第一专题编写人员：林孝璋、陈顺义、陈文曲；第二专题编写人员：余波、李进财、吴宪扬、陈书明、杨媚、宋智军、施少芳；第三专题编写人员：温光耀、王中豪、姜刚建；第四专题编写人员：余少勇、黄浩；校对人员：李建成，余少勇，温光耀，赵旭颖，曹月阳。

全书对青少年人工智能编程标准要点和学习方法进行了系统性的梳理和说明，将每个要点一一罗列，并结合题目练习进行讲解，以便读者更好地理解要点知识及学习方式。

作　者
2023 年 1 月

目　录

专题一　人工智能的基本概念

要点 1：身边的人工智能 …………………………………………………… 2

要点 2：人工智能三要素概述 ……………………………………………… 8

要点 3：人工智能中的语音识别和图像识别 …………………………… 12

能力测试 1 …………………………………………………………………… 16

专题二　人工智能编程

要点 1：了解人工智能图形化编程平台的主要区域 ………………… 20

要点 2：了解人工智能图形化编程平台 ………………………………… 22

要点 3：了解人工智能图形化编程平台中人工智能模块的使用方法 …25

要点 4：素材的使用 ………………………………………………………… 28

要点 5：了解基本的文件操作 …………………………………………… 32

要点 6：了解程序的三种基本结构 ……………………………………… 35

要点 7：人工智能图形化编程平台参数调整 ………………………… 40

能力测试 2 …………………………………………………………………… 44

专题三　人工智能应用

要点 1：人工智能硬件 ··· 52

要点 2：语音识别和图像识别在生活中的应用 ························· 54

要点 3：体验简单的人工智能程序 ·· 58

能力测试 3 ··· 65

专题四　人工智能的发展与挑战

要点 1：人工智能的发展历史 ··· 68

要点 2：人工智能与社会生活 ··· 79

要点 3：人工智能安全与伦理 ··· 86

能力测试 4 ··· 90

附录 A　青少年编程能力标准第 5 部分：人工智能编程一级节选 ··············· 93

参考文献 ··· 96

人工智能的基本概念

要点 1 身边的人工智能

要点评估	要点详述
重要程度 ★☆☆☆☆ 难　　度 ★☆☆☆☆	1. 了解人工智能在生活中的应用； 2. 可以根据描述或生活体验判断某项功能或某种产品是否是人工智能的应用

　　当你觉得冷了，它们会贴心地调高空调温度；当你要起床了，它们会详细地为你提醒日程；当你饿了，它们会为你选择最合适的门店和送货员；当你要出门了，它们会为你发动汽车，规划路线，帮你躲避实时拥堵。它们——"人工智能"已悄然来到我们身边。

 人工智能的基本概念

1. 什么是人工智能

　　什么是人工智能？有人说人工智能就是机器人，也有人说人工智能是程序，到底谁对呢？

2. 图灵测试

　　什么样的机器才叫智能呢？

　　让机器通过键盘和人对话，如果测试者以为对面的机器就是人，那么这台机器就足够智能了。这个测试称为图灵测试。

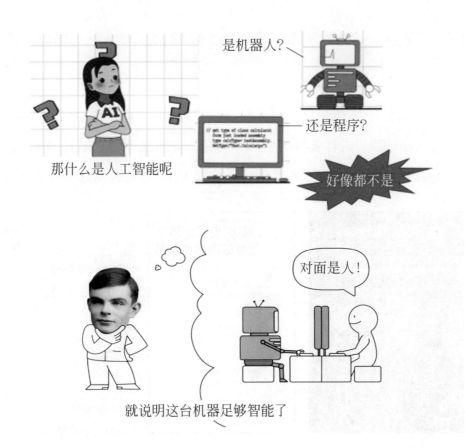

3. 人工智能的概念

人工智能（Artificial Intelligence），英文缩写为 AI。它是研究如何生产出一种能以与人类智能相似的方式做出反应的智能机器的方法和技术。

让机器能够模仿人的思维能力，能够像人一样去感知、思考和决策。

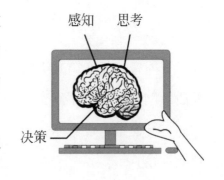

 我们身边的人工智能

说起人工智能，大家会想到机器人、科幻片电影等，这些好像离我们的生活还很遥远。但是，如果稍微注意一下，你就会发现人工智能其实早已悄

3

然融入人们的生活之中。下面，就来看看在我们身边的人工智能吧。

1. 手机语音助手

现在的智能手机都配备了语音助手，它可以帮助我们解决如语音拨打电话、语音文字输入、语音支付等生活类问题。如苹果手机的 Siri、小米手机的小爱、OPPO 手机的小欧、华为手机的小艺、VIVO 手机的 Jovi 等（见图 1-1）。

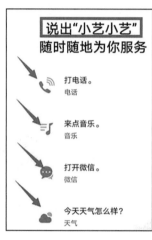

图 1-1　常见的手机语音助手

2. 智能音箱

智能音箱是音箱升级的产物，通过它我们可以进行语音上网、语音点播歌曲、网上购物、了解天气预报等，它还可以对家里的智能设备进行控制，例如打开窗帘、设置冰箱温度、提前让热水器加热等。图 1-2 是部分常见的智能音箱。

小米小爱　　　　　百度小度　　　　　天猫精灵　　　　　哈曼卡顿

图 1-2　部分常见的智能音箱

3. 智能导航

智能导航通过人工智能技术实时监控交通状况，还为人们提供天气状况，从而更好地规划路线。尤其是现在的上班族，最怕的就是堵车，所以实时了解交通路况信息就显得尤为关键。智能导航可以实现精准导航、语音交互、停车不愁。部分常见的智能导航 App 如图 1-3 所示。

高德导航　　百度导航　　凯立德导航　　搜狗导航

图 1-3　部分常见的智能导航 App

4. 天气助手

天气预报本身就是大数据问题，涉及不同时间和空间上的海量数据，是人工智能非常好的应用场景。图 1-4 是一些常用的天气助手 App。

掌上天气　　实时天气

云云天气　　天气助理

图 1-4　常见的天气助手 App

掌上天气 App

最高可以查看一周以内的天气预报，提供很多不同的出行选择，还可以了解最新的空气指数和风速。

实时天气 App

提供非常精准的 15 天内的天气预报，更丰富的天气查询，时刻根据你的位置提供紫外线、空气指数等信息。

云云天气 App

精准的实时天气预报播报，提供更加便捷的出行生活，未来 96 小时天气预报信息等功能服务。

天气助理 App

支持查看未来两周的天气数据，操作简单，还提供了非常详细的空气指数。

5. 人脸识别

人脸识别是基于人的脸部特征信息进行身份识别的一种人工智能生物识别技术，通常也叫作人像识别、面部识别。图 1-5 是几种常见的人脸识别应用场景，下面分别介绍。

实名认证　　　　刷脸闸机通行　　　智慧人脸考勤　　　刷脸移动支付

图 1-5　人脸识别常见的应用场景

实名认证： 结合身份证识别、人脸对比、活体检测等多项组合能力，连接权威数据源，确保用户是"真人"且为"本人"，快速完成身份核验，可应用于金融服务、物流货运等行业，有效控制业务风险。

刷脸闸机通行： 将人脸识别功能集成到闸机中，快速录入人脸信息，用户刷脸通行，可以解决用户忘带工卡、被盗卡等问题，实现企业、商业、住宅等多场景门禁通行。

智慧人脸考勤： 提供移动考勤、摄像头无感知考勤、一体机考勤三种方案，确保签到人员身份识别的准确性，实现一秒内快速认证，有效防止代打卡等作弊行为，增强企业信息化员工管理。

刷脸移动支付： 将人脸与银行卡、手机等支付工具绑定，解决支付场景对安全、效率、精度的严苛要求，实现"无现金"刷脸支付代替传统密码，提高支付效率与体验。

6. 无人驾驶车

　　无人驾驶车是一种依靠多种传感器和计算机系统来实现主动驾驶的交通工具。

　　无人驾驶车的驾驶方式是基于人工智能技术，模拟人类的驾驶行为和习惯，在行驶过程中能自动识别交通指示牌和其他车辆行驶信息，只要向导航系统输入目的地，汽车即可自动行驶，前往目的地。

要点 2 人工智能三要素概述

要点评估	要点详述
重要程度 ★★☆☆☆ 难　　度 ★★☆☆☆	1. 掌握人工智能三要素：数据、算法、算力的基本概念； 2. 了解人工智能三要素在生活应用中的体现

　　近几年，人工智能技术和应用发展迅速，在人们生活和工作中得到大量普及和应用，这归功于人工智能发展的三大要素：数据、算法和算力的快速提升。这三个要素缺一不可、相互促进、相互支撑，是智能技术创造价值和取得成功的必备条件。

　　数据、算法、算力是人工智能发展的三要素，也被誉为数字经济时代发展的三驾马车（见图 1-6）。

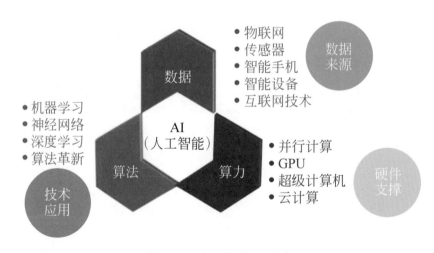

图 1-6　人工智能三要素

数据是我们通过观察、实验或计算得出的结果，它可以是数字、文字、图像、声音等，可用于科学研究、设计、查证、数学等工作。数据是人工智能的学习资源，没有数据，智能机器无法学习到知识，人工智能技术就无法实现。

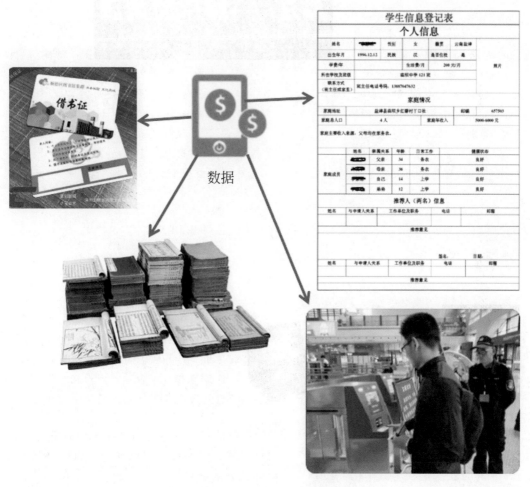

图 1-7　生活中的数据

 算法

算法

有了数据和算力，如果没有算法，数据也只能算是一个资源库而已；如果没有算法的设计，相当于把一大堆的资源堆积了起来，而没有有效的应用。所以，算法就是对资源有效利用的思想和灵魂。

算法是解决某个问题的方法和步骤，对人工智能来说，就是人为设计的、为实现一定功能的程序，是与非人工智能程序的核心区别。所以，与数据、算力相比，算法更加依赖于个人的智慧和思想。

在同一家公司里，公司可以给每个工程师配备同样的数据资料和算力资源，但是每个工程师设计出来的算法程序不可能一样。而算法程序的不同，会导致最终机器智能程度的千差万别。

 算力

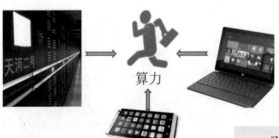

算力

人工智能算法需要硬件上在运行，硬件设备的计算能力就叫算力。手机、计算机、超级计算机等各种硬件设备都有不同的算力存在。没有算力就没有各种软硬件的正常应用。

算力在一定程度上体现了人工智能的运行速度和效率。一般来说，算力越大，实现更高级人工智能的可能性也越大。算力已成为评价人工智能研究成本的重要指标。可以说，算力即是人工智能的生产力。

目前的人工智能算力主要是由专有的AI硬件芯片，以及提供超级计算能力的公有云计算服务来提供。其中，GPU芯片在人工智能领域中的应用最广泛，GPU有更高的并行度、更高的单机计算峰值、更高的计算效率。

云计算是一种计算能力的放大器，通过这项技术，可以在很短的时间内完成数以万计的计算。

数据、算法和算力的关系

我们可把人工智能比作一个人的学习成绩，学习成绩的好坏与掌握的学习资料、学习方法和学习能力关系密切，那么数据就是这个人学习用的书本或教材，算力就是这个人的学习能力，而算法就是这个人的学习方法。

要点评估	要点详述
重要程度 ★★★☆☆ 难　　度 ★★★☆☆	1. 了解人工智能中语音识别、图像识别的应用； 2. 能够辨别身边的人工智能应用，包括但不限于语音识别和图像识别等方面

　　人工智能包含许多技术，目前比较核心和常用的技术主要有语音识别技术、图像识别技术和自然语言理解技术。

语音识别技术

　　语音识别技术就是让机器听懂人类的语音，把语音信号转变为相应的文本或命令。语音识别技术的主要应用有语音助手、智能音箱、天气助手、地图导航等。

1. 语音识别的应用

 小米小爱智能音箱

　　如果你家中有小米的智能家电，那么小爱同学就可以通过语音来控制它们了。

 小度智能家居

　　通过语音简单地操作就能掌控你家里的各种设备，智能生活就在手中！

微软小冰

　　一款人工智能语音聊天软件，可以和用户进行语音聊天以及进行各种互动！

语音播报天气

　　用语音播放的方式来听更方便，在干活或者是开车时也能及时了解，解放你的双眼。

小飞语音助手

　　有了它，各种天气、生活信息都可以实时了解，通过语音播报，让你感受现代生活。

凯立德导航

　　根据实景路口编绘的交叉路口放大图，配合导航语音，让你不再错过复杂路口。

2. 语音识别的功能

　　语音识别的核心任务是将人类的语音转换成文字。

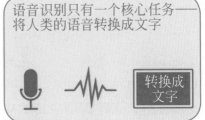

语音识别只有一个核心任务——将人类的语音转换成文字

转换成文字

3. 语音识别的过程

　　语音识别的过程可以分为语音输入、特征提取、语音解码和搜索、文本输出四个阶段，如图 1-8 所示。

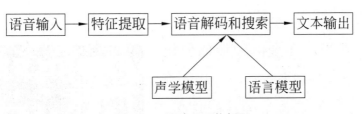

图 1-8　语音识别过程

图像识别技术

　　图像识别技术是指利用计算机对图像进行处理、分析和理解，以识别各种不同模式的目标和对象的技术，是深度学习算法的一种实践应用。图像识别技术可应用于人脸识别、物体识别、场景识别、动物识别、植物识别、商品识别等。下面重点介绍人脸识别。

人脸识别主要运用在安全检查、身份核验与移动支付中。人脸识别分四个步骤：人脸图像采集及检测、人脸图像预处理、人脸图像特征提取、人脸图像匹配与识别，如图 1-9 所示。

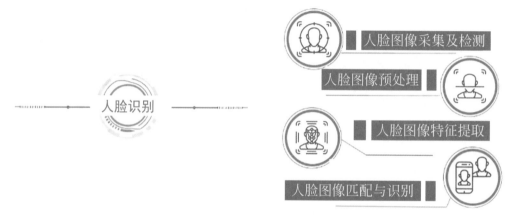

图 1-9　人脸识别过程

目前，人脸识别系统的应用还是比较广泛的，比如照片的检索、美颜贴纸、门禁考勤，这些都已经很成熟了。具体使用场景如下。

1. 金融领域

人脸识别当前在金融领域的应用最为广泛，金融领域监管要求严格，都需要实名认证，有较高的安全性要求：活体识别、银行卡 OCR 识别、身份证 OCR 识别、人证对比等都是不可或缺的环节。图 1-10 所示为人脸识别支付。

2. 安保领域

目前大量的企业、住宅小区、社区、

图 1-10　人脸识别支付

学校等安全管理越来越普及，人脸门禁系统已经成为非常普遍的一种安保方式。

3. 通行领域

很多城市的火车站和地铁已经安装了人脸识别通行设备，可以通过人脸识别的方式进站和出站。图 1-11 所示是人脸识别进入门闸。

图 1-11　人脸识别门闸

4. 泛娱乐领域

现在市场上流行的美颜相机、网络直播、短视频等都是建立在人脸识别的基础上对人脸进行美颜和特效处理。

5. 公安司法领域

公安系统在追捕逃犯时也会利用人脸识别系统对逃犯进行定位；监狱系统目前也会对服刑人员通过人脸识别系统进行报警和安防。

6. 自助服务设备

如银行的自动提款机、无人超市等。

7. 考勤及会务

如工作考勤、会议出席人脸墙等。

图 1-10 和图 1-11 分别示意了人脸识别支付和人脸识别门闸。

能力测试 1

题目一： 下面关于人工智能的表述正确的是（　　　）。

A. 人工智能是超人的智能

B. 人工智能是人造的智能

C. 人工智能可代替人的智能

D. 人工智能就是人的智能

核心要点： 身边的人工智能。

思路分析： 人工智能可以分为两部分理解，也就是"人工"与"智能"，"人工"泛指人造的、人为的，所以人工智能是人造的智能这个表述是正确。因为人工智能是人造的智能，所以它不可能超越人的智能，因此说人工智能是超人的智能不正确。人的智能是与生俱来的，是自然界最高级的智能，人工智能不可能代替人的智能，当然人工智能也不可能是人的智能。

题目解答： 正确答案是 B 选项。

题目二： 下面不属于人工智能的构成要素的是（　　　）。

A. 算法　　　　　B. 数据　　　　　C. 程序　　　　　D. 算力

核心要点： 人工智能三要素。

思路分析： 人工智能的三个核心要素：数据、算法、算力。这三个要素缺一不可，相互促进、相互支撑，都是智能技术创造价值和取得成功的必备条件。程序 = 算法 + 数据 + 文档，不属于人工智能的构成要素。

题目解答：正确答案是 C 选项。

题目三： 人工智能的语音识别可能不会在（　　　）方面应用。

A. 电视机换频道

B. 按键开关关灯

C. 下班回家开门

D. 手机拨打电话

核心要点： 人工智能中的语音识别和图像识别。

思路分析： 现在人工智能已在人们生活中得到广泛应用，如智能电视机可以通过语音操作，包括更换频道；智能家居安装的智能门禁可以通过语音开关门；智能手机通过语音拨打电话号码也已经是普遍应用。而按键开关是一种接触式的机械开关，只能通过手动进行操作。

题目答案：正确答案是 B 选项。

能力测试 1

人工智能编程

了解人工智能图形化编程平台的主要区域

要点评估	要点详述
重要程度 ★☆☆☆☆ 难　　度 ★☆☆☆☆	了解人工智能图形化编程平台的主要区域（如舞台区、角色区、人工智能指令模块区、创作区）的划分

人工智能图形化编程平台是入门的图形化编程工具，使用它进行编程不需要学习和记忆复杂的程序算法，只需要认识编程界面的各类元素，简单地对指令积木进行拖曳和拼接。

编辑器的主要区域由舞台区、角色区、背景区、属性栏、创作区、常用指令模块区和人工智能指令模块区组成。打开"创造栗"人工智能编程平台，就可以进入到如图 2-1 所示的舞台编程界面，各分区的说明如下。

舞台区：展示角色、背景和程序运行效果的区域。

属性栏：设置角色的名称、坐标、大小和方位等属性。

角色区：管理舞台中的角色，如新增或删除角色。

背景区：管理舞台中的背景，如新增或删除背景。

常用指令模块区：包含运动、外观、声音、事件、控制等九个指令模块区。

人工智能指令模块区：包含文字朗读、语音识别和图像识别三个指令模块区。

创作区：各种指令模块的拼接。

常用指令模块区

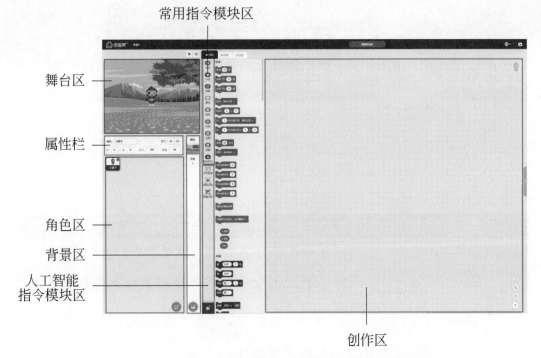

舞台区

属性栏

角色区

背景区

人工智能
指令模块区

创作区

图 2-1　人工智能图形化编程平台分区说明

要点 2 了解人工智能图形化编程平台

要点评估	要点详述
重要程度 ★☆☆☆☆ 难　度 ★☆☆☆☆	1. 了解人工智能图形化编程平台的基本要素； 2. 了解人工智能图形化编程平台的舞台、角色、造型、人工智能模块（重点）

人工智能图形化编程平台的基本要素

人工智能图形化编程平台的基本要素主要包括舞台、角色、造型、人工智能指令模块。

1. 舞台

舞台为角色表演提供空间，它可以使观众的注意力集中于角色的表演并获得理想的观赏效果。舞台区通常由一个或多个背景组成，背景是有顺序的，可以根据需求切换。舞台界面如图 2-2 所示。

2. 角色

角色是我们进行创作时设计的人物，我们编写的程序通过角色的演示呈现出来，舞台上能够添加多个角色。

3. 造型

造型是角色特有的。一个角色可以有一个或多个造型，如图 2-3 所示。

舞台至少要有一个背景

图 2-2 人工智能图形化编程平台的舞台界面

一个角色，可以有一个或多个造型

图 2-3 造型

4. 人工智能指令模块

人工智能指令模块分为常用指令模块、文字朗读模块、语音识别模块、图像识别模块。

功能代码可以对舞台、角色、造型、背景进行操作。比如 [移动 10 步]，它可以让角色前进 10 步；比如"说你好两秒"，它可以让角色说话说两秒 [说 你好! 2 秒]。

文字朗读模块可以对文字进行朗读 [朗读 你好]，可以选择语速 [将语速设置为 正常] 和选择嗓音 [使用 女声 ▾ 嗓音]。

语音识别模块能够对人类说的话进行识别 [开始语音识别]，可以进行模型训练 [模型训练]。

图形识别模块利用摄像头对物体进行识别 [拍摄 ▾ 图像识别 动物 ▾ 并等待]，包括动物、水果、数字等。

要 点 评 估	要 点 详 述
重要程度 ★☆☆☆☆ 难　　度 ★☆☆☆☆	1. 了解人工智能积木模块； 2. 可以根据颜色分类找到积木模块所在的分类； 3. 能够对代码积木进行拖曳

1. 代码类别

编程平台根据代码积木的作用对代码积木进行了划分，用不同的颜色表示不同的分类，如图 2-4 所示。平台代码类别包括运动、外观、声音、事件、控制、侦测、运算、变量、自制积木、文字朗读、语音识别、图像识别等。

同一种颜色表示相同的代码类别

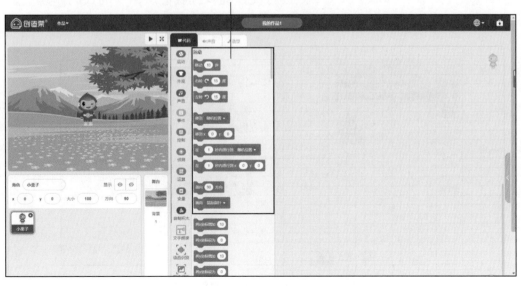

图 2-4　编程平台的不同积木类别

2. 示例编写

我们编写一个示例，让小栗子和我们说"你好"。首先，我们在进行创作时一定记得有开始与结束，我们先在指令模块区域找到相应代码，找到之后将它拖曳至创作区，如图 2-5 所示。

第一步：点击事件
第二步：鼠标移到相应指令上按住不放　　　第三步：代码移动到创作区并松开鼠标

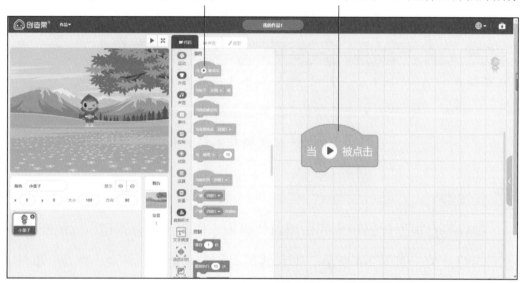

图 2-5　拖曳编程积木到创作区

重复上一次的步骤，从文字朗读分类里面找到我们所需要的代码，按下鼠标左键将指令积木拖曳至创作区，拖曳完成后松开鼠标，如图 2-6 所示。

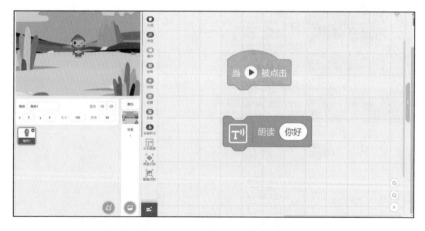

图 2-6　拖曳朗读积木到创作区

接下来我们将 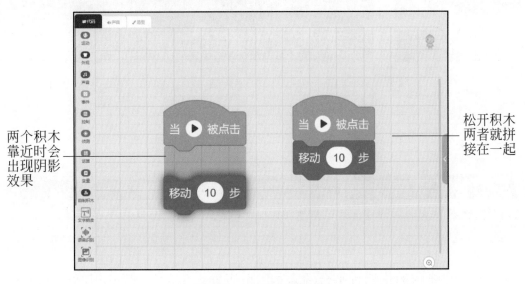 朗读 你好 放到 当 ▶ 被点击 下面，通过缺口连接，如图 2-7 所示。

两个积木
靠近时会
出现阴影
效果

松开积木
两者就拼
接在一起

图 2-7　拼接代码积木

3. 代码运行

代码完成之后，我们单击舞台右上角的"运行"按钮，仔细听，小栗子
对我们说了"你好"。（打开电脑音量）如图 2-8 所示。

单击"运行"按钮运行程序

也可以单击本段程序运行程序，程序成功运行，会出现黄色光圈

图 2-8　运行程序

要点 **4** 素材的使用

要点评估		要点详述
重要程度	★☆☆☆☆	了解素材（如角色、背景和声音）的使用
难　　度	★☆☆☆☆	

人工智能图形化编程平台的素材库可以导入角色、背景和声音，我们可以在相应的素材库中看到丰富的素材。

1. 角色的使用

在编程中可以选择多个角色造型，将鼠标移动到角色区并单击"选择一个角色" 选择一个角色 Q ，如图 2-9 所示。

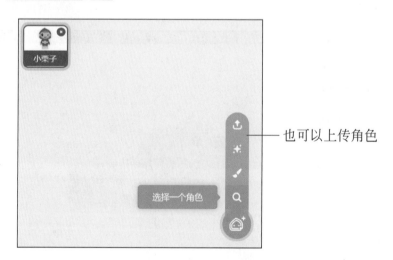

——也可以上传角色

选择一个角色

图 2-9　选择一个角色

进入到角色选择界面，如图 2-10 所示，该界面展示各种各样有趣好玩的角色，可以从中单击选择我们喜欢的编程角色。

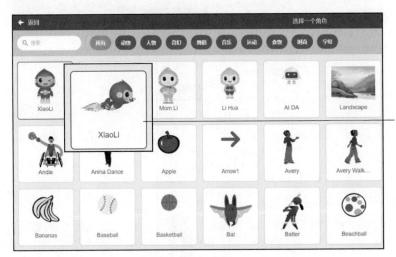

鼠标放置时，会以
动图的形式展现所
有造型

图 2-10　角色库

选择角色后，编程舞台界面将出现选中的角色，我们可以删除不需要的角色，或者发挥你的想象，单击 绘制 选择绘制功能，创造编辑一个属于自己的角色造型。角色添加完成后，我们可以对角色进行操作，如图 2-11 所示。

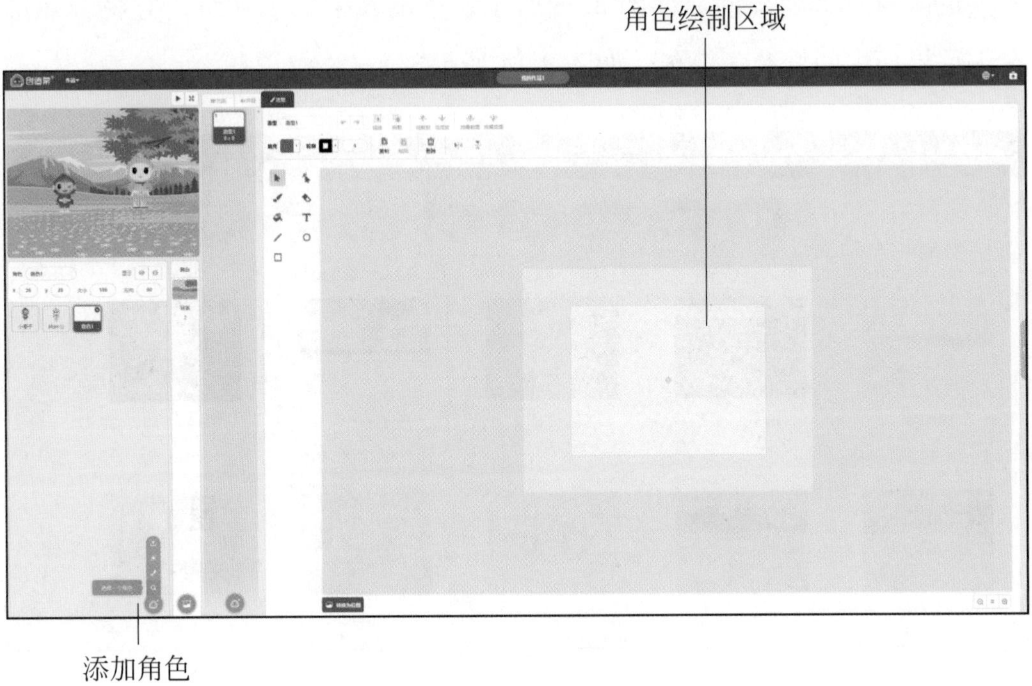

角色绘制区域

添加角色

图 2-11　角色操作区

2. 背景的使用

在舞台界面背景区单击"选择一个背景" 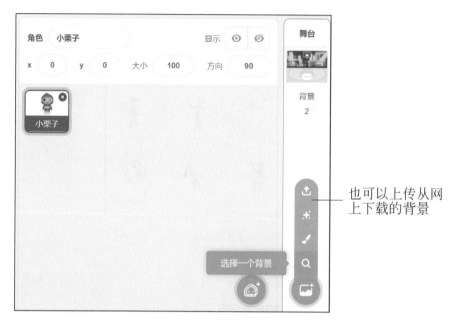 ，如图 2-12 所示。

图 2-12　背景选择

也可以上传从网上下载的背景

进入背景选择界面，如图 2-13 所示，单击其中一个背景，它将会在舞台编程界面中的舞台区出现，如图 2-14 所示。

图 2-13　背景选择界面

图 2-14　背景显示在舞台区

3. 声音的使用

在舞台界面中，单击声音按键进入声音编辑界面，如图 2-15 所示，在声音编辑区单击"选择一个声音"按键进入声音选择界面，选择其中一个声音，调试好声音之后单击播放键即可播放，大家也可以尝试上传、删减、录制声音等功能。

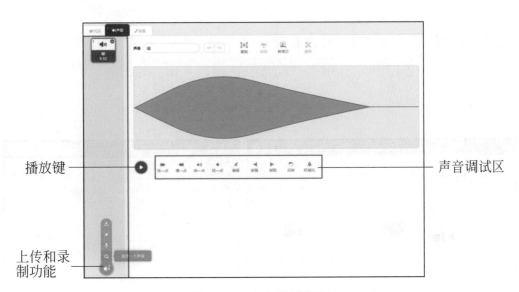

播放键

声音调试区

上传和录制功能

图 2-15　声音编辑界面

要点 **5** 了解基本的文件操作

要点评估	要点详述
重要程度 ★★☆☆☆ 难　　度 ★★☆☆☆	了解基本的文件操作，能够新建、命名、打开和保存文件，能够打开和运行人工智能程序示例

1. 新建作品

当我们需要新建一个作品然后命名并运行时，可依照以下步骤进行操作。

将鼠标移动到编程平台左上角"作品"菜单上并单击 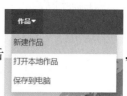，

这时会出现三个子菜单，选择"新建作品"子菜单。在作品名称栏中给作品命名，我们在这里命名为"舞台编程"，然后选中作品类型中的"舞台编程"，如图 2-16 和图 2-17 所示，单击"确认"按钮进入作品界面。

这两个命名是一致的

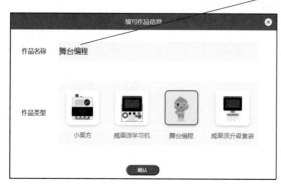

图 2-16　新建作品

图 2-17　新作品的舞台

2. 打开作品

当我们需要打开一个作品并运行时，可依照以下步骤进行操作。

将鼠标移动到编程平台左上角"作品"菜单上并单击，然后选择"打开

本地作品"子菜单 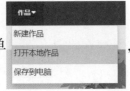，这时会打开我们默认的文件存储位置，

选择扩展名为 czl 的文件，单击打开，如图 2-18 所示。

选择扩展名 →
为czl的文件

系统默认"下
载"为文件的
存储位置

图 2-18　选择已有作品并打开

打开作品的程序如图 2-19 所示，然后单击"运行"按钮运行。

"运行"按钮 —

图 2-19　打开已有的作品并运行

3. 保存作品

当我们需要保存作品时，可依照以下步骤进行操作。

将鼠标移动到编程平台左上角"作品"菜单上后，单击"保存到电脑"

子菜单，这样作品就被保存在默认位置了，如图 2-20 所示。

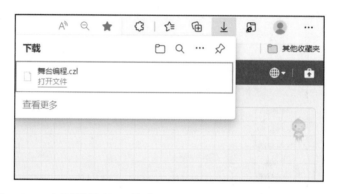

图 2-20　在浏览器的下载窗口可以看到我们保存的作品文件

专题二　人工智能编程

34

要点 6 了解程序的三种基本结构

要 点 评 估	要 点 详 述
重要程度 ★★★☆☆ 难　　度 ★★★☆☆	了解程序的三种基本结构，能分辨出具有不同结构的简单程序

　　图形化编程语言作为一款主要针对青少年的基于图形块的可视化编程语言，具有计算机语言的一切结构特性。一般来说，任何复杂的程序都是由顺序结构、循环结构、选择结构组成。这三种结构既可以单独使用，也可以相互结合组成较为复杂的程序结构。

　　下面就程序的三种基本结构进行简单地分析。

1. 顺序结构

　　顺序结构是程序结构中最基本、最简单的结构。语句与语句之间、指令与指令之间是按从上到下的顺序进行的，各步骤之间不能随便调换，调换后可能会使程序不能运行或者出现错误。如图 2-21 所示的顺序结构，这段代码中有 6 个指令模块，我们将它们从上到下按编号 1、2、3、4、5、6 的顺序编写对应指令。当程序运行后，这段代码的效果为：小栗子先用"女声"朗读出"你好"，等待 1 秒后，再用"男声"朗读出"再见"。

2. 循环结构

　　需要我们不断重复相同步骤（循环体）的结构叫作循环结构。在人工智

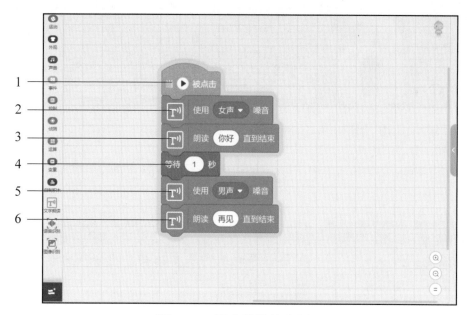

图 2-21　顺序结构的案例

能图形化编程中，有计次循环，适用于循环次数确定的场景，当完成指定循环次数后，终止循环，执行后续脚本，如图 2-22 所示。还有一种适用于无限重复的场景，通常在某组代码的最外层使用，后续不能再链接其他代码积木，如图 2-23 所示。

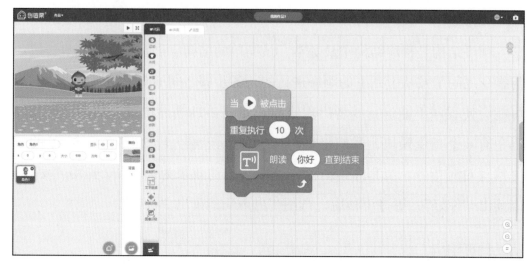

图 2-22　计次循环

图 2-23　无限循环

3. 选择结构

选择结构也称为判断结构或分支结构。在一个算法中，经常会遇到一些条件的判断，算法的流程根据条件是否成立有不同的流向。分支结构又可分为单分支结构、双分支结构和多分支结构。

（1）单分支结构：只有一个分支而且只能选择这个分支。如图 2-24 所

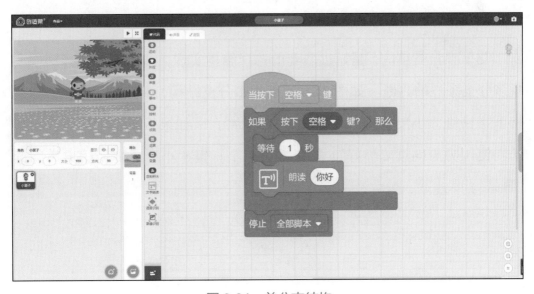

图 2-24　单分支结构

示为单分支结构。其内容表示为：只有我们按下空格键，小栗子才会朗读"你好"。

（2）双分支结构：顾名思义，有两个分支可以选择。如图 2-25 所示为双分支结构。其内容表示为：按下空格键后，如果小栗子碰到鼠标指针，则使用女声朗读"你好"；如果小栗子没有碰到鼠标指针，则使用男声朗读"你好"。

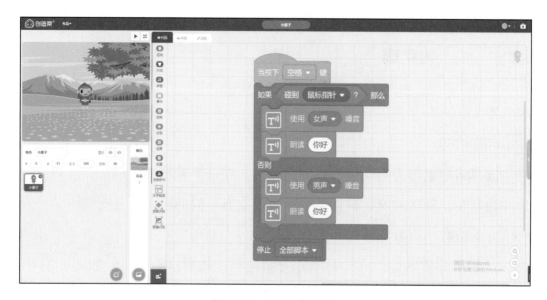

图 2-25　双分支结构

（3）多分支结构：是通过嵌套的选择结构实现，多个简单选择结构实现多分支条件的判断。如图 2-26 所示为多分支结构，其内容表示为：如果按下空格键，小栗子则使用女声朗读"你好"；如果按下"↑"键，小栗子则使用男声朗读"你好"；如果按下"↓"键，小栗子则使用男声朗读"再见"。

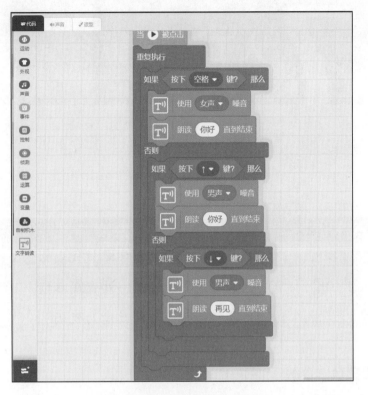

图 2-26　多分支结构

要点 7 人工智能图形化编程平台参数调整

要点评估		要点详述
重要程度	★★★★☆	1. 了解角色栏的数字参数代表的意义;
难　　度	★★★★☆	2. 能够简单地修改一些代码参数;
		3. 能够运行已经修改过的代码

1. 改变代码数字参数

单击运动模块,将"移动(10)步"代码积木块拖曳至代码区,如图 2-27 所示。

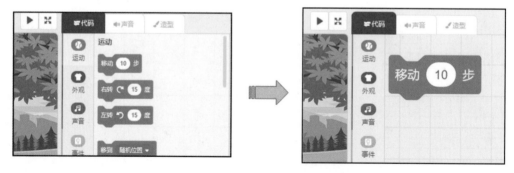

图 2-27　将"移动(10)步"代码积木块拖曳至代码区

然后将鼠标移动到数字 10 的位置,按下鼠标左键,当 10 被蓝色框选中时,可以改写数字 10,如图 2-28 所示。

按下键盘上的数字 8,如图 2-29 所示。这样小栗子移动的步数就变成 8 步了,我们称这类操作为改变参数(调参)。

图 2-28　修改参数前

图 2-29　修改参数后

2. 改变代码文字参数

　　分别单击图像识别模块、语音识别模块，将"动物识别结果"和"识别的语音'你好'"两个脚本拖曳至代码区，如图 2-30 所示。

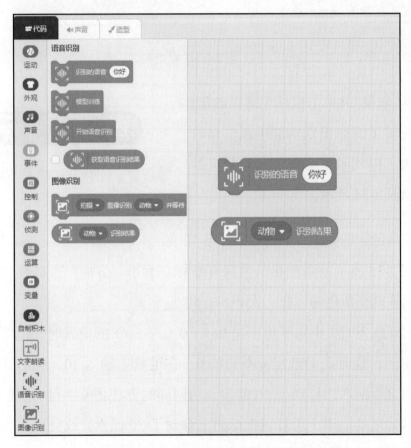

图 2-30　拖入语音识别和图像识别代码积木块

　　将鼠标移动到"识别的语音'你好'"的位置上，按下鼠标左键。当"你好"被蓝色框选中时，如图 2-31 所示，我们可以改写文字"你好"，把"你好"改成"再见"，如图 2-32 所示。

将鼠标移动到代码"动物识别结果"的"动物"二字的位置上,单击"动物"后的倒三角符号,出现如图 2-33 所示界面。

图 2-31　语音识别参数修改前

图 2-32　语音识别参数修改后　　图 2-33　改变物体识别结果积木块的识别类型

选择"水果"并单击鼠标左键以确定,这样就完成了图像识别功能中从"动物识别结果"向代码"水果识别结果"的改变,如图 2-34 所示。

图 2-34　物体识别结果积木块修改后

3. 改变角色区的参数

如图 2-35 所示,角色在角色区有坐标、大小、方向三个属性,接下来我们分别来调整角色的坐标、大小、方向吧。

我们观察发现:小栗子位于坐标 x(0)、y(0)的位置时,他刚好站在舞台正中间,这时我们选定 x 右边的 0,在键盘上输入 10,我们就把小栗子沿着横坐标向右边移动了 10 像素,用同样的方法将 y 字母右边的 0 改为 20,这时就是把小栗子沿着纵坐标向上移动了 20 像素,改完后(如图 2-36 所示)随意单击其他位置,看一下小栗子是不是跑到别的地方去了?

重复上面的操作,将角色大小的数字 90 改写为 150,将角色方向的数字 90 变为 180,最后观察一下整体效果,如图 2-37 所示。

角色坐标

角色大小

角色方向

图 2-35 角色调整界面

图 2-36 小栗子坐标调整　　图 2-37 小栗子大小参数和方向参数的调整

通过实际操作我们发现，代码区的代码如果是可以被鼠标选中的，都可以更改参数，角色区的角色属性参数也可以更改，我们可以按照实际的需要来调整这些参数。

能力测试 2

题目一： 如图所示，（　　　）区域是角色区。

A. A　　　　　　　B. B　　　　　　　C. C

核心要点

要点一：软件界面的主要区域划分。

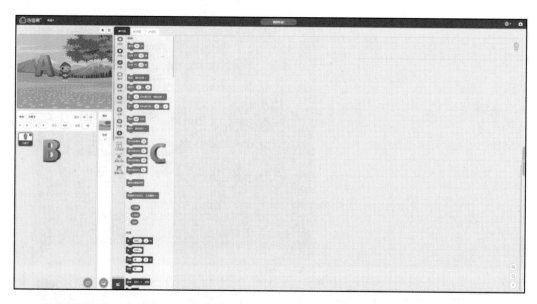

思路分析： 这道题主要考查人工智能图形化编程平台各个区域的划分，考生只需做到能辨析和区分即可。

题目解答： 正确答案是 B 选项。

题目二： 人工智能图形化编程平台的基本要素不包括（　　　）。

A. 人工智能模块区　　　　　B. 角色

C. 舞台　　　　　　　　　　D. 人物

核心要点

要点二：人工智能图形化编程的基本要素。

思路分析： 一般在创作人工智能图形化编程作品时，这几个基本要素是必不可少的，这个需要重点记忆，图形化编程基本要素里没有人物项。

　　题目解答： 正确答案是 D 选项。

题目三： 根据所学的知识，下面关于代码积木块拖曳至代码区的顺序正确的是（　　　）。

①根据所需代码颜色找到代码分类

②将鼠标移动到编程区并放开鼠标

③按住鼠标左键不放手

④将鼠标移动到所需代码上

A. ①②③④　　　B. ②③④①　　　C. ③④①②　　　D. ①④③②

核心要点： 代码的分类和拖曳。

思路分析： 这题主要考查学生对代码定位与拖曳的掌握程度。

题目解答： 正确答案是 D 选项。

题目四： 创造栗有很多素材，但如果还是找不到合适的角色素材，我们应该（　　　）。

A. 　　　　　　B. 随机

C. 添加角色　　　　　　D. 上传角色

核心要点： 素材的使用。

思路分析：这题主要考查学生对角色的添加、选择、上传等的理解。

题目解答：正确答案是 D 选项。

题目五： 下列文件可以在人工智能编程平台上打开的是（　　　）。

A. 示例程序 .ppt

B. 示例程序 .jpg

C. 示例程序 .czl

D. 示例程序 .doc

核心要点：文件的基本操作。

思路分析：本题考查学生对扩展名的认识，czl 是创造栗编程平台的扩展名。

题目解答：正确答案是 C 选项。

题目六： 下列的代码块属于（　　　）分支结构。

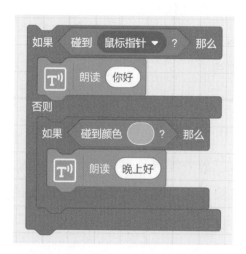

A. 顺序结构　　　　B. 选择结构　　　　C. 循环结构　　　　D. 层次结构

核心要点：了解程序的三种基本结构。

思路分析：这题考查学生对顺序结构、循环结构、选择结构的理解。题目中使用有两个选择句，所以可以判断为选择结构。

题目解答：正确答案是 B 选项。

题目七: 对于如图所示的脚本,若按下按钮能朗读出"你好",则空白处应填入数字(   )。

A. 40　　　　　　B. 50　　　　　　C. 60　　　　　　D. 70

核心要点: 平台参数调整。

思路分析: 本题考查学生对参数数值的判断,从条件中我们可以知道这个数字是需要小于50的,才能满足触发条件,从而执行下面代码,选择项B等于50,C、D大于50,均无法满足小于50的条件。

题目解答: 正确答案是A选项。

附加习题

1. 人工智能图形化编程平台中设置角色名称、坐标和大小是在(   )。

   A. 舞台区　　　　B. 角色区　　　　C. 属性栏　　　　D. 背景区

2. 人工智能指令模块区不包含以下(   )模块。

   A. 文字朗读　　B. 语音识别　　C. 新增角色　　　D. 图像识别

3. 人工智能图形化编程利用到摄像头的是(   )扩展模块。

   A. 文字朗读　　B. 语音识别　　C. 图像识别　　　D. 功能代码

4. 可以对舞台、角色、造型、背景进行操作的是(   )模块。

   A. 文字朗读　　B. 语音识别　　C. 常用指令　　　D. 图像识别

5. 人工智能图形化编程平台不同模块的代码可以用(   )进行区分。

A. 形状　　　　　　B. 大小　　　　　　C. 颜色　　　　　　D. 长短

6. 下列功能中可以用于语音识别的是（　　）。

A.

B.

C.

D.

7. 角色区可以对角色进行编辑，但不包括下列（　　）功能。

A. 添加指令模块　　　　　　　　B. 添加、删减角色

C. 绘制角色　　　　　　　　　　D. 上传角色

8. 下列（　　）不是人工智能图形化编程平台拥有的素材库。

A. 声音素材库　　B. 角色素材库　　C. 舞台素材库　　D. 背景素材库

9. 文件的操作有很多，其中不包括（　　）。

A. 新建作品　　　　　　　　　　B. 打开本地作品

C. 保存到电脑　　　　　　　　　D. 上传角色

10. 如图所示的脚本属于选择结构中的（　　）。

A. 双分支结构　　　　　　　　　B. 单分支结构

C. 顺序结构　　　　　　　　　　D. 多分支结构

11. 程序包括 3 种基本控制结构，下列不属于 3 种基本控制结构的是（　　）。

A. 顺序结构　　B. 层次结构　　C. 选择结构　　D. 循环结构

12. 对于下图所示的脚本，若按下执行按钮能朗读出"你好"，则空白处应
    填入数字（   ）。

A.10   B.30   C.20   D.40

人工智能应用

要点 **1** 人工智能硬件

要点评估		要点详述
重要程度	★★★★☆	了解人工智能硬件，能列举出几种人工智能硬件
难　　度	★★★★☆	

我们在生活中看到的各种各样具有神奇功能的"智能机器"，如图 3-1 所示，它们里面都包含了各种人工智能硬件。

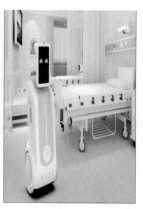

图 3-1　生活中的"智能机器"

人工智能作品的构成要素如图 3-2 所示。

传感器
基本电路
人工智能模块

人工智能知识
人工智能编程软件 ＋人工智能硬件 ＝人工智能作品

图 3-2　人工智能作品的构成要素

人工智能的硬件是指配备了微处理器，具有便捷性和可扩展性，能够进行数据采集与多媒体播放，执行人工智能相关软件包，完成人工智能应用程序演示的硬件。在科技整体快速发展的今天，由于科学家和工程师的努力，人工智能硬件技术不断突破，各种各样算力强大的芯片和性能优越的传感器层出不穷。目前，我们在市场上看到的人工智能硬件就有很多种，包括树莓派（Raspberry Pi）、Arduino、51单片机等，如图 3-3 所示。

树莓派主板　　　　　　　　Arduino　　　　　　　51单片机开发板

图 3-3　常见的人工智能硬件

这里给大家介绍一款人工智能硬件——小栗方（如图 3-4 所示），它是一款功能强大、体积小巧、操作便捷，为普及人工智能教育而生的人工智能硬件。它适配 PAAT 全国青少年编程能力等级考试要求，紧贴义务教育信息科技课程标准，支持图形化编程和 Python 编程，有丰富的自主研发 AI 模型，可以让学生体验 AI 全流程学习。麻雀虽小五脏俱全，它集成多种传感器，不需要外接设备，即可向使用者提供 AI 功能，包括图像识别、语音识别、语音朗读、情感分析等，让使用者轻松完成创意作品。

图 3-4　小栗方

要点评估	要点详述
重要程度 ★★★★☆ 难　　度 ★★★☆☆	了解语音识别和图像识别在生产生活中的应用（如智能家居、智能校园、智能物流、智能交通、智能医疗等）

1. 语音识别在生活中的应用

语音识别主要是一系列能自动、准确地识别、记录、处理（包括翻译）人类语音的技术，所涉及的学科领域包括信号处理、模式识别、概率论和信息论、发声机理和听觉机理、人工智能等。

语音识别的主要应用包括实时翻译、语音书写、电脑系统声控、智能语音客服等，目前，这些功能在我们身边比较直观体现的如智能家居：当主人回到家后，可以和带有语音识别功能的各种语音小助手直接对话。如"小爱同学，播放一首好听的歌""嘿，siri，打开卧室灯""天猫精灵，将卧室空调调为26℃"等，如图3-5所示。大家看到，在日常生活中通过使用带有语音识别功能的各种智能电器，极大地提升了人们的生活质量。

2. 图像识别在生活中的应用

图像识别是指利用计算机对图像进行处理、分析和理解，以识别各种不同模式的目标和对象的技术，是应用深度学习算法的一种实践。

图像识别有着很广泛的应用，下面举例说明。

图 3-5　语音识别技术在智能家居中的应用

智能物流： 智能物流就是利用条形码、射频识别技术、传感器、全球定位系统等先进的物联网技术，通过信息处理和网络通信技术平台广泛应用于物流业运输、仓储、配送、包装、装卸等基本活动环节，实现货物运输过程的自动化运作和高效率优化管理，提高物流行业的服务水平，降低成本，减少自然资源和社会资源消耗，如图 3-6 所示。

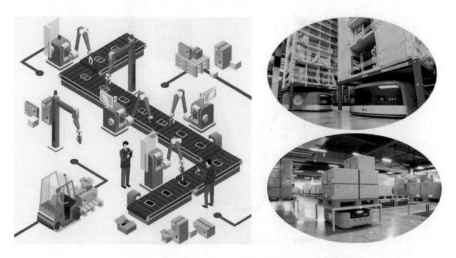

图 3-6　智能物流——成本降低，效率提升

智能交通： 在交通方面可以帮助交通主管部门获取实时交通信息、监管道路信息和车流；随着平安城市等技术的发展，配合图像识别技术可以在安防及监控领域被用来指认嫌疑人；从个人用户角度来讲，最直接就是可以帮

我们规划不堵车的行车路线以及合适的出行时间，如图 3-7 所示。

图 3-7 智能交通——规划最优出行方案

智能医疗：如图 3-8 所示，医疗成像分析结合大数据技术等可以被用来提高疾病预测、诊断和治疗的准确度。据最新的报道，相关技术已经被用于高端机器人手术。

图 3-8 智能医疗——打造健康档案区域医疗信息平台

智慧校园：智慧校园平台可丰富老师的教学手段，有助于学生的学习体验，如图 3-9 所示。人脸识别也可以被学校用来建设智慧校园，保障师生的安全。

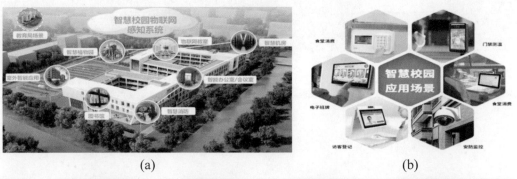

(a)　　　　　　　　　　　　　　(b)

(c)

图 3-9　智能校园——给学校安全之门，给教育方便之门

要点3 体验简单的人工智能程序

要点评估		要点详述
重要程度	★★★☆☆	1. 能够借助人工智能硬件完成人工智能的学习与体验；
难 度	★★★☆☆	2. 能够使用人工智能图形化编程平台体验程序示例

1. 体验语音识别程序示例

语音识别是一种人机交互方式，也是工智能的主要应用领域。与机器进行语音交流，让机器明白你在说什么。语音识别在生活中有各种各样的应用场景，如语音助手、智能音箱等。

语音助手界面如图 3-10 所示。

例如，在手机上唤醒语音助手后，可以直接通过语音控制手机的操作。其他常见的带有语音识别功能的设备有智能音箱、智能电视机、智能空调等。

图 3-10 语音助手界面

语音识别系统主要包含四部分：特征提取与信号处理、声学模型、语言模型、解码搜索，如图 3-11 所示。

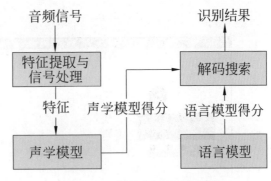

图 3-11　语音识别系统模型

首先，我们在计算机上打开人工智能图形化编程平台，用数据线连接小栗方，准备在平台上编写程序，如图 3-12 所示。

单击"作品"，新建一个小栗方编程作品　　单击右上角"未连接"出现下方提示

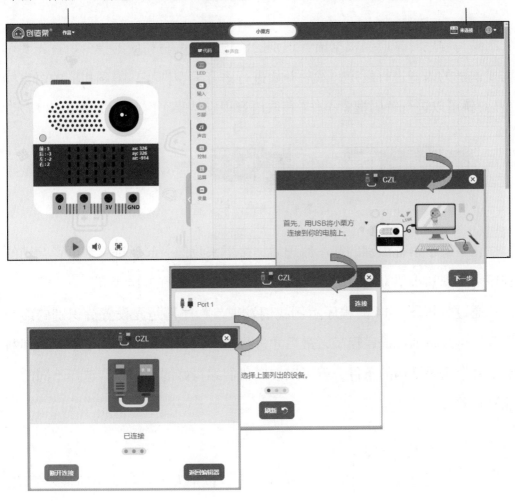

图 3-12　人工智能图形化编程平台和智能硬件小栗方的连接

"已连接"表示小栗方成功连接上了电脑

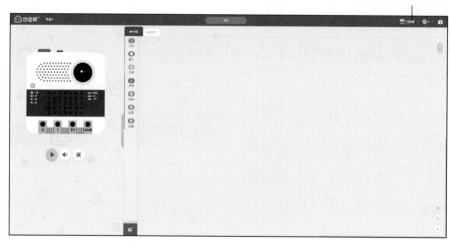

图 3-12 （续）

编写程序时，应当根据语音识别的流程依次编写相应的指令。首先要对需要识别的语音进行设定，然后开始进行语言模型训练。得到相应的语言模型后，就可以进行解码搜索工作（获取语音识别结果）了，流程如图 3-13 所示。

图 3-13 语音识别流程

在了解了语音识别的基本原理后，接下来我们一起通过一个语音互动的程序来实现和小栗方的"语音对话"吧。程序示如图 3-14 所示。

通过分析图 3-14 的程序示例我们发现，程序都是先设置待识别的语音内容，再开始训练语言模型，最后才进行语音识别，得到识别结果之后判断满足哪个选择结构的条件，就可以按照我们编写好的"剧本"选择不同的功能语句回答。

2. 体验图像识别程序示例

图像识别是模式识别的一个研究分支，也是人工智能应用的重要领域，目的是让机器能够"看见"周围的东西，同时还能够"理解"看到的事物。图 3-15

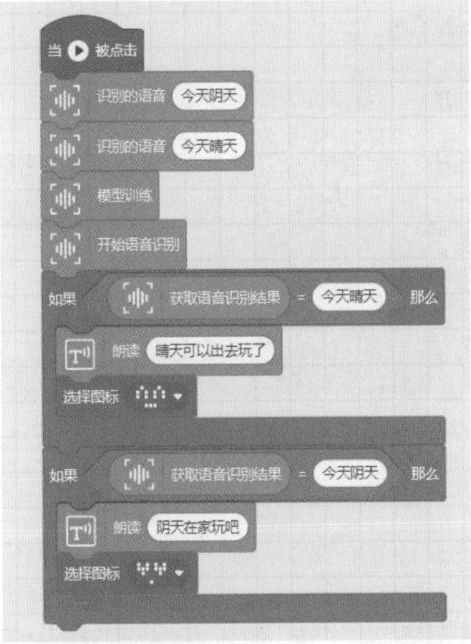

图 3-14　编程实现和小栗方语音对话

是一个图像识别的实例。

分类　　　　定位　　　　检测　　　　分割

图 3-15　图像识别的过程

　　图像识别的过程分以下几步：信息获取、预处理、特征提取和识别。我们在编写程序时，首先根据图像的属性进行分类选择（如动物、水果、数字、字母、垃圾、形状、颜色），与此同时，我们还要注意获取图像画面的方向是"拍摄"方向还是"镜像拍摄"方向，当我们选定这个指令时，默认为"拍摄"，如图 3-16 所示。拍摄时，如果我们发现拍摄的效果和实际现实中的对象完全相反，这时候选择"镜像拍摄"，那么拍摄的效果和现实世界是一致的。

图 3-16　图像识别程序积木块

　　接下来，我们通过一个动物识别的程序来了解人工智能图形化编程平台是如何实现图像识别的。程序示例如图 3-17 所示。

图 3-17　图像识别猫程序示例

程序运行结果如图 3-18 所示。

第一步：运行指令后，进行镜像拍摄，并等待

(a)

第二步：找到要识别的图片，并将小栗方摄像头对准图片

(b)

图 3-18　图像识别"猫"的程序运行过程

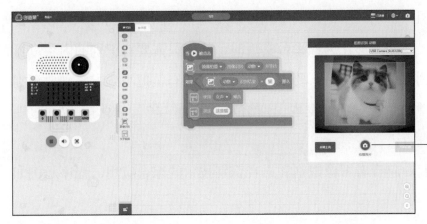

第三步：根据显示，调整位置，拍摄到特征，单击"拍摄图片"

(c)

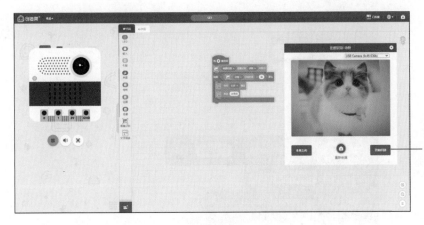

第四步：已拍摄好图片，"开始识别"按钮亮起，单击"开始识别"

(d)

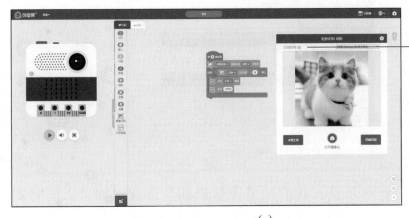

第五步：满足"识别结果显示：猫"的条件，这时用女声朗读"这是猫"

(e)

图 3-18 （续）

通过上面图像识别的示例，同学们可以发现虽然图像识别的原理较为复杂，但是用人工智能图形化编程平台实现时，我们只需要对识别的内容进行标定即可。示例中程序执行后，要求拍摄，那么我们就把小栗方拿到要识别的动物面前，单击拍摄按钮，发现识别结果显示为"猫"，我们可以通过朗读识别结果来进行语音答复。

接下来我们一起看看图像识别和语音识别技术的综合应用，程序示例如图 3-19 所示。

图 3-19　程序示例

通过图 3-19 的程序示例，我们知道图像识别与语音识别可以同时实现。同学们可以结合生活中的实际情况，试一试设计出属于自己的人工智能应用的程序，使用小栗方体验一下语音识别和图像识别等人工智能功能吧！

能力测试 3

题目一： 下面不属于人工智能的应用领域的是（　　　）。

A. 可以对话的机器人　　　　　　B. 人工控制的开关

C. 自动分拣机器人　　　　　　　D. 自动驾驶汽车

核心要点： 人工智能的应用。

思路分析： 人工智能的应用主要看是否使用到人工智能的相关技术，对话机器人使用语音识别；分拣机器人与自动驾驶汽车都用到图像识别。人工控制的开关并未使用任何人工智能技术。

题目解答： 正确答案是 B 选项。

题目二： 下面不属于语音识别的指令是（　　　）。

A. 朗读 你好　　　　　　B. 获取语音识别结果

C. 识别的语音 你好　　　D. 模型训练

核心要点： 语音识别原理。

思路分析： 语音识别的主要流程是通过语音输入得到特征模型进行语音模型训练，然后再对语音进行识别，给出识别结果。

题目解答： 正确答案是 A 选项。

题目三： 下面不属于图像识别过程的是（　　　）。

A. 识别　　　　B. 信息获取　　　　C. 特征提取　　　　D. 输出图像

核心要点: 图像识别原理。

思路分析: 图像识别的步骤为"信息获取—预处理—特征提取—识别"。输出图像为最终的结果,不是图像识别的过程。

题目答案: 正确答案是 D 选项。

附 加 习 题

1. 下列哪一项不属于人工智能的研究领域?(　　　)

　　A. 编程语言　　　B. 模式识别　　　C. 神经网络　　　D. 图像识别

2. 下面哪一项人工智能的应用不是自然语言处理?(　　　)

　　A. 语音识别　　　B. 语义理解　　　C. 手写输入　　　D. 语音输入

3. 实操题:在人工智能图形化编程平台完成以下内容的程序编写。

　　(1) 添加扩展模块:语音识别。

　　(2) 添加扩展模块:文字朗读。

　　(3) 当识别到语音"你好"后,程序回答"很高兴认识你"。

　　(4) 当识别到语音"举头望明月"后,程序回答"低头思故乡"。

4. 实操题:在人工智能图形化编程平台完成以下内容的程序编写。

　　(1) 添加扩展模块:图像识别(识别内容:数字"1")。

　　(2) 添加扩展模块:语音识别(识别内容:"开始识别")。

　　(3) 当识别到语音"开始识别"后,程序回答"正在识别"后,开始图像识别。

　　(4) 舞台中显示识别结果,程序回答"1"。

本专题附加习题参考答案:　　1. A　　2. C

专题四

人工智能的发展与挑战

要点 1 人工智能的发展历史

要点评估	要点详述
重要程度 ★☆☆☆☆ 难　　度 ★☆☆☆☆	1. 了解人工智能发展历程中出现的重要人物和事件； 2. 初步形成自己的认知观，能够总结并表述所学内容

　　人工智能的历史源远流长。在我国古代的神话传说中，技艺高超的工匠可以制造人，并为其赋予智能或意识。现代的人工智能始于古典哲学家用机械符号处理的观点解释人类思考过程的尝试。20世纪40年代基于抽象数学推理的可编程数字计算机的发明使一批科学家开始严肃地探讨构造一个电子大脑的可能性。

　　现代人工智能的发展历程如图4-1所示。

　　现在人工智能在我们日常生活中的应用已越来越广泛，但它的发展并不是一帆风顺的，起起落落历经了6个阶段，期间经历多次寒冬和危机，最后才进入蓬勃发展的今天。

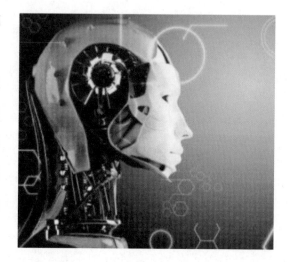

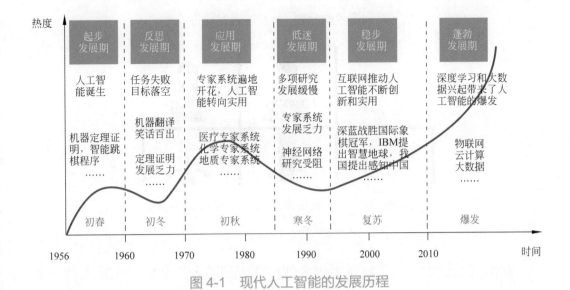

图 4-1　现代人工智能的发展历程

 起步发展期（20 世纪 40—50 年代）

1. 萌芽期

人工智能的思想萌芽可以追溯到 17 世纪的巴斯卡和莱布尼茨，他们较早萌生了有智能的机器的想法。19 世纪，英国数学家布尔和德·摩尔根提出了"思维定律"，这是人工智能的开端。19 世纪 20 年代，英国科学家巴贝奇设计了第一台"计算机器"，它被认为是计算机硬件，也是人工智能硬件的前身。电子计算机的问世，使人工智能的研究真正成为可能。

2. 图灵测试的诞生

1950 年，艾伦·图灵提出著名的图灵测试：如果一台机器能够与人类展开对话（通过电传设备）而不能被辨别出其机器身份，那么称这台机器具有智能，如图 4-2 所示。同年，图灵还预言人类可以创造出具有真正智能的机器的可能性。

机器回答者　　　人类测试者　　　人类回答者

图 4-2　图灵测试示意图

在图灵测试中，人类测试者向未知的两个回答者（其中一个是人类一个是机器）提出一系列问题，根据回答后判断哪个是人类哪个是机器。如果人类测试者不能分辨，那就说明机器通过了图灵测试。

英国数学家艾伦·麦席森·图灵（Alan Mathisn Turing, 1912—1954）是世界上公认的计算机科学奠基人。

他的主要贡献有两个：一是建立图灵机（Turing Machine, TM）模型，奠定了可计算理论的基础；二是提出图灵测试，阐述了机器智能的概念。

为纪念图灵对计算机科学的贡献，美国计算机学会 ACM 在 1966 年创立了"图灵奖"，每年颁发给在计算机科学领域的领先研究人员，号称计算机业界和学术界的诺贝尔奖。

艾伦·麦席森·图灵

3. 第一台连接神经网络学习机

马文·明斯基

马文·明斯基是"人工智能之父"和框架理论的创立者。1956 年，和约翰·麦卡锡（J.McCarthy）一起发起"达特茅斯会议"并提出人工智能（Artificial Intelligence）概念，也是神经网络的奠基人。

4. 第一台可编程机器人诞生

1954 年美国人乔治·德沃尔制造出世界上第一台可编程的机器人，并注册了专利。这种机械手能按照不同的程序从事不同的工作，因此具有通用性和灵活性。

5. "逻辑理论家"的开发

1955 年，艾伦·纽厄尔和赫伯特·西蒙开发出了"逻辑理论家"。这个程序能够证明《数学原理》中前 52 个定理中的 38 个，其中有些证明比原著更加新颖和精巧。这被约翰·塞尔称为"强人工智能"，即机器可以像人一样具有思想。

6. 人工智能的诞生

1956 年，马文·明斯基与约翰·麦卡锡、克劳德·香农等人一起发起并组织"达特茅斯会议"，麦卡锡在会议上首度提出"人工智能"概念；艾伦·纽厄尔和赫伯特·西蒙则展示了编写的逻辑理论机器。这次会议被誉为"人工智能的起点"，而 1956 年被认为是人工智能诞生的元年。

达特茅斯学院（Dartmouth College）成立于 1769 年，位于美国新罕布什尔州汉诺威镇的一所私立研究型综合性大学，是世界闻名的八所常春藤盟校（Ivy League）之一，也是建校早于美国建国的九所殖民地学院（Colonial Colleges）之一，还是全美最难被录取的大学之一，如图 4-3 所示。

图 4-3　美国达特茅斯学院

达特茅斯会议七侠有（见图 4-4）：

罗切斯特
IBM 701电脑总设计

明斯基
1969年图灵奖获得者

塞弗里奇
机器感知之父

麦卡锡
1971年图灵奖获得者
Lisp语言发明者

香农
信息论的创始人

纽厄尔
1975年图灵奖获得者

西蒙
1975年图灵奖及1978年
诺贝尔经济学奖获得者

图 4-4　达特茅斯会议的主要参与者

➤ 麦卡锡，"人工智能之父"，1971 年图灵奖获得者。

➤ 明斯基，人工智能概念和框架理论的创立者，图灵奖得主。

➤ 香农，美国数学家，信息论的奠基人。

➤ 罗切斯特，IBM 701 电脑的创造者。

➤ 塞弗里奇，被称为"机器感知之父"。

➤ 西蒙，1975 年图灵奖和 1978 年诺贝尔经济学奖得主。1972 年第一批访华交流的学者，1994 年当选为中国科学院外籍院士。

➤ 纽厄尔，人工智能符号主义学派的创始人，1975 年与西蒙一起获得图灵奖。

在后来的人工智能研究过程中，由于研究角度的不同，形成了不同的研究学派。最主要有符号主义学派、连接主义学派和行为主义学派。

7. 人工智能迅速发展

达特茅斯会议以后，人工智能的研究取得了许多引人瞩目的成就。

1956 年，乔治·戴沃尔与约瑟夫·恩格尔伯格创建了世界上第一家机器人公司——尤尼梅特。

1957 年，艾伦·纽厄尔和赫伯特·西蒙等开始研究一种不依赖于具体领域的通用问题求解器，他们称之为 GRS（General Problem Solver），这一时期，搜索式推理是许多 AI 程序共同使用的基本算法。

1958 年，约翰·麦卡锡发明 Lisp 计算机分时编程语言，该语言至今仍在人工智能领域广泛使用。

 反思发展期——第 1 个寒冬（20 世纪 60 年代—70 年代初）

由于前期人工智能发展取得突破性进展，人们提出了一些不切实际的研发目标，但限于当时计算机有限的内存和处理速度无法解决人工智能存在的问题，造成接二连三的失败和预期目标落空，例如，无法用机器证明两个连续函数之和还是连续函数、机器翻译闹出笑话等。由于人工智能的研究缺乏进展，对人工智能提供资助的机构（如英国政府、美国国防部高级研究计划局和美国国家科学委员会）逐渐停止了资助。人工智能的发展进入低谷。

 应用发展期（20 世纪 70 年代中—80 年代中）

1. 首台人工智能移动机器人的产生

1966—1972 年间，美国斯坦福国际研究所（Stanford Research Institute, SRI) 研制了移动式机器人 Shakey，Shakey 是首台采用了人工智能的移动机器人，引发了人工智能早期工作的大爆炸。

2. 第一个聊天机器人 Eliza 的发布

1966 年，麻省理工学院的系统工程师约瑟夫·魏泽堡和精神病学家肯尼斯·科尔比发布了世界上第一个聊天机器人 Eliza。Eliza 的智能之处在于它能通过脚本理解简单的自然语言，并能产生类似人类的互动，而其中最著名的脚本便是模拟罗杰斯心理治疗师。

3. 计算机鼠标的发明

1968 年 12 月 9 日，加州斯坦福研究所的道格拉斯·恩格尔巴特发明计算机鼠标，构想出了超文本链接概念，它在几十年后成了现代互联网的根基。恩格尔巴特提倡"智能增强"而非取代人类，被誉为"鼠标之父"。

4. 自然语言指挥机器人动作系统的建立

1972 年，维诺格拉德在麻省理工学院建立了一个用自然语言指挥机器人动作的系统 SHIRDLO，它能用普通的英语句子与人交流，还能做出决策并执行操作。

5. 专家系统的出现

20 世纪 70 年代初出现的专家系统，模拟人类专家的知识和经验去解决特定领域的问题，实现了人工智能的重大突破。专家系统在医疗、化学、地质等领域取得成功，推动人工智能走入应用发展的新高潮。

早期的人工智能专家认为人类的认知过程源于数理逻辑，就是各种符号进行运算的过程，所以计算机人工智能也应该是基于各种符号进行运算的。只要赋予机器逻辑推理的能力，机器就具有智能。专家系统本质上就是符号推理，比如说，"只要是乌鸦，它的颜色是黑色""乌鸦是一种鸟"，靠这两条规则，计算机匹配后就可以成功推出"乌鸦是黑色的鸟"。

目前广泛使用的专家系统一般均由知识库、数据库、推理机、咨询解释、知识获取和用户界面 6 个部分组成，如图 4-5 所示。

专家系统是早期人工智能的一个重要分支，20 世纪 80 年代到 90 年代曾在我国兴盛一时，几乎成为人工智能的代名词。

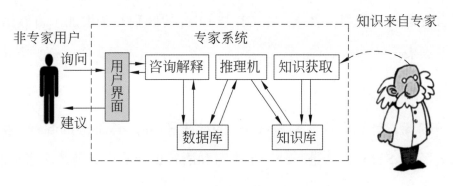

图 4-5 专家系统组成

 人工智能的低迷发展期——第 2 个寒冬（20 世纪 80 年代中—90 年代）

20 世纪 80 年代中期到 90 年代中期，随着人工智能的应用规模不断扩大，人们对专家系统的作用感到失望。专家系统知识只能靠人类专家编写输入，如果很复杂的系统，规则库会非常冗长，而且计算机不能像人一样能有灵感，也不存在直觉，很多对人来说是不言而喻的东西，对计算机必须老老实实地输入，比如"乌鸦是鸟"对人而言是不言而喻，但要编写一个专家系统必须写上这条规则"乌鸦是一种鸟"。因此，专家系统的弊端开始逐渐显现了出来，这就是知识的获取。由于人们认为专家系统实用性仅仅局限于某些特定情景，有关部门不再对人工智能研究拨款，人工智能的发展走入第 2 个寒冬。人们开始想到机器能否自己进行学习，也就是机器学习。

 稳步发展期（20 世纪 90 年代中—2010 年）

1. **人工语言互联网计算机实体的开发**

1995 年，计算机科学家理查德·华莱士开发了聊天机器人 ALICE（人工语言互联网计算机实体），ALICE 与 Eliza 的区别在于增加了自然语言样本数据收集。

2. 神经网络架构的开发

1997 年，计算机科学家 Sepp Hochreiter 和 JürgenSchmidhuber 开发了长短期记忆（LSTM），这是一种用于手写和语音识别的递归神经网络（RNN）架构。

3. 电脑深蓝战胜国际象棋世界冠军

1997 年 5 月 10 日，由 IBM 公司研发的人工智能"深蓝"超级计算机挑战卡斯帕罗夫，比赛在 5 月 11 日结束，最终"深蓝"以 3.5:2.5 的总分击败卡斯帕罗夫，成为首个在标准比赛时限内击败国际象棋世界冠军的电脑系统，如图 4-6 所示。

图 4-6 "深蓝"对弈卡斯帕罗夫

"深蓝"的智能主要依靠强大的算力和存储能力穷举所有路数来选择最佳策略。"深蓝"的出现标志着传统符号主义所能达到的最高高度。

人工智能的蓬勃发展（2011 年至今）

1. 自然语言回答问题的人工智能程序

2011 年 IBM 公司开发的 Watson（沃森），是一个能使用自然语言回答问题的人工智能程序，在参加美国智力问答节目时，打败两位人类冠军，赢得了 100 万美元的奖金。

2. Spaun 诞生

2012 年加拿大神经学家团队创造了一个具备简单认知能力、有 250 万个模拟"神经元"的虚拟大脑，命名为"Spaun"，并通过了最基本的智商测试。

3. 深度学习算法的广泛运用

Meta 人工智能实验室成立，探索深度学习领域，借此为 Meta 用户提供更智能化的产品体验；Google 收购了语音和图像识别公司 DNNResearch，推广深度学习平台；百度创立了深度学习研究院等。

4. 人工智能突破之年

Google 开源了利用大量数据直接就能训练计算机来完成任务的第二代机器学习平台 Tensor Flow；剑桥大学建立人工智能研究所等。

5. AlphaGo 战胜围棋世界冠军李世石

2016 年 3 月 15 日，Google 人工智能 AlphaGo 与围棋世界冠军李世石的人机大战最后一场落下了帷幕，最终李世石与 AlphaGo 总比分定格在 1∶4，以李世石认输结束，如图 4-7 所示。这一次的人机对弈让人工智能正式被世人所熟知，整个人工智能市场也像是被引燃了导火线，开始了新一轮爆发。

图 4-7　AlphaGo 与李世石围棋比赛场面

要点评估	要点详述
重要程度 ★☆☆☆☆ 难　　度 ★☆☆☆☆	1. 了解人工智能技术给生活带来的变化与积极影响； 2. 通过了解人工智能在生活中的应用，感受人工智能给生活生产带来的便利

　　人工智能是世界发展的新产物，自从其进入大众视野，人们越来越了解和接受这一新事物。它遍布社会的每个角落，深刻地影响着人们生活的方方面面。

1. 更好地满足人类需求

　　人工智能具有思维推理和行为实践的双重功能，可以更好地在物质上和精神上满足人们的需求。

2. 人类劳动工作方式趋于简单、提高效率、自由

　　就人类科技发展的历史来看，从蒸汽时代到电力时代，再到信息时代，人们从自然中不断获得全新的动力，使人们的工作变得省力且高效率，人工智能的应用也一样。

3. 人类的衣食住行等基本生活方式向丰富化发展

　　人工智能技术与人类衣食住行等各种用具的结合，将彻底改变人类的生活方式。

4. 人类生活安全保障性提高

目前的安全防盗技术主要是用数字密码和电磁密码等安全保障措施，这些密码保障方式虽然足够先进，但依然有漏洞和破绽可循，容易被破解盗取。而人工智能领域图像识别和计算机视觉等技术，提供了人面识别、指纹识别、虹膜识别等保密方式，使人们生活中的秘密、隐私以及人身财产安全能够得到更多的保障。

5. 人类的社会交往与娱乐方式发生革新

智能手机的社交功能与体感游戏机的娱乐功能是人工智能在社交和娱乐方面应用的典范。智能手机使得陌生人的联系变得更加容易，社交活动更容易展开，当然，这其中有一定风险性，需要审慎对待。而体感游戏机在使人得到休闲娱乐的同时，也在一定程度上不仅帮助人锻炼了体魄变得更加健康，而且培养了人的身体协调性与互助协作精神。

智能家居领域

智能家居是以住宅为平台，利用综合布线技术、网络通信技术、安全防范技术、自动控制技术、音视频技术将家居生活有关的设施集成，构建高效的住宅设施与家庭日程事务的管理系统，提升家居安全性、便利性、舒适性、艺术性，并实现环保节能的居住环境。

智能家居的核心是让所有的智能家电联动起来。比如智能灯光系统，不仅仅是用手机控制全家灯光开关和明暗而已，而是直接设置工作模式，例如，"回家模式""影音模式""睡眠模式"。当你选择相应的情景模式或给出语音指令时，就自动执行相关的工作；或者是被指定情况时自动触发，不需要特地去按开关，如图4-8所示。

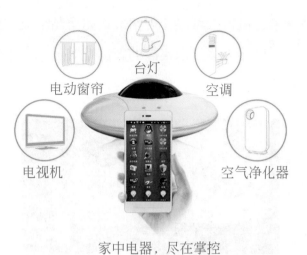

电动窗帘　　　台灯　　　空调

电视机　　　　　　　空气净化器

家中电器，尽在掌控

图 4-8　手机遥控家电

 服务领域

　　2018 年阿里上线的杭州"未来酒店"，一切操作全由智能机器人"天猫精灵"操控，全程无服务员参与，不用前台结账，客人可以使用支付宝"未来酒店"小程序办理业务，用户可以处处体验人工智能元素，如图 4-9 所示。

图 4-9　阿里未来酒店

　　北京海底捞智慧餐厅，拥有送餐机器人、收盘机器人、机械手臂、巨屏

投影墙壁等科技元素，机器人可以实现精准送达菜品到桌，同时可以躲避行人，自由行走，而且机器人会显示菜品的新鲜度等数据，很多人忘了自己是来吃饭的，宛如置身于科技大片，如图 4-10 所示。

图 4-10　送餐机器人

 交通领域

如图 4-11 所示。在交通领域的应用，智能辅助驾驶能实现安全畅通。目前北京、上海等城市公交系统先后在公交车上安装了智能辅助驾驶系统，这套系统包括前端预警设备、大数据传输及管理平台，具有行人及车辆防撞预警、车道偏离预警等多项功能，既提升了驾驶科技水平，又增强了安全运营保障能力。

图 4-11　智慧交通

自动泊车系统利用车辆带的超声波传感器探测出适合的停车空间，然后车辆会自动接管方向盘来控制方向，自动完成侧向停车入位或者垂直停车入位，如图 4-12 所示。与传统的机械驻车系统相比，自动驻车系统极大地提升驾驶舒适性、安全性。驾驶者不用再担心因技术不过关而泊不好车。它可以将汽车停放在较小的空间内，这些空间比大多数驾驶员能自己停车的空间小得多，这就使得车主能更容易地找到停车位，同时相同数量的汽车占用的空间也更小。

图 4-12 自动泊车

 安防领域

人脸识别能实现快速甄别。比如社区楼宇门禁系统，如图 4-13 所示，通过智能化管理系统可以快速精确地识别人脸，并做出打开或关闭的决定，大大提高了社区楼宇的安全度。

如图 4-14 所示，在疑犯追踪系统中应用人脸识别技术和监控摄像头互相结合，实时监控火车站、机场等公共场所，若疑犯一旦在人群中被精确识别出来，能够即刻报警，不仅可以提高警方的抓捕效率，还大大增加了城市的安全度。

图 4-13　刷脸门禁

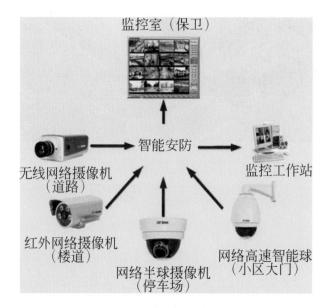

图 4-14　智能安防系统

 医疗领域

　　人工智能在医疗健康领域的应用已经非常广泛，从应用场景来看，主要
有虚拟助理、医学影像、辅助诊疗、疾病风险预测、药物挖掘、健康管理、

医院管理、辅助医学研究平台八大应用场景，如图 4-15 所示。随着语音识别、图像识别等技术的逐渐提升，基于这些基础技术的泛人工智能医疗产业也走向成熟，进而推动了整个智能医疗产业链的快速发展和一大批专业企业的诞生。

图 4-15　AI+ 医疗的八大应用场景

目前医疗机器人在替代或辅助医务人员方面发挥着重要作用，主要有手术机器人、康复机器人、辅助机器人、仿生假肢等。

要点 3 人工智能安全与伦理

要点评估	要点详述
重要程度 ★☆☆☆☆ 难　　度 ★☆☆☆☆	1. 了解人工智能应用可能会给人类社会带来的风险； 2. 了解人工智能应用的安全、伦理和隐私问题

随着人工智能发展和深度伪造技术开源代码、App 应用的增多，不法分子利用人工智能技术制作虚假视频侵犯个人肖像权、名誉权和隐私权的现象屡见不鲜。由此可见，人工智能在服务和赋能人类生产生活的同时，也带来了难以忽视的安全风险。所以加强人工智能安全风险防范意识同发展人工智能技术应用一样重要。

 人工智能的安全概念

人工智能安全概念应该从"人工智能的自身安全"和"人工智能的安全应用"两方面去理解。

1. 人工智能的自身安全

人工智能的自身安全指人工智能应用的自身脆弱性带来的安全问题，具体分为两类。

（1）**传统安全**：指人工智能应用系统中软硬件方面脆弱性带来的安全问题。例如，自动驾驶系统软件漏洞被利用而植入恶意代码，导致车辆无法正常行驶。

（2）**特有安全**：指人工智能应用系统中机器学习算法、模型脆弱性带来的安全问题。例如，自动驾驶系统的图像分类算法受到对抗样本攻击，导致路标识分类错误，进而造成车辆行驶决策失效。

2. 人工智能的安全应用

人工智能的安全应用指以人工智能相关技术为支撑的安全应用，包括以下两点。

（1）**安全防御**：指基于人工智能的安全检测、安全防护等应用。例如入侵检测。

（2）**安全攻击**：指基于人工智能的入侵隐藏、行为欺骗等应用。例如社会工程攻击。

 ## 人工智能的安全风险类型

1. 国家安全风险

人工智能在国防领域、涉密系统、关键信息基础设施中的应用，可能对国家安全产生影响。未来的人工智能技术有可能与核武器、飞机、计算机和生物技术一样，成为给国家安全带来深刻变化的颠覆性技术。

2. 社会安全风险

人工智能可使机器实现自动化、智能化操作，这将对某些类型工作和行业带来潜在影响，导致工作薪水降低、中低技术要求的职业消失，从而影响社会安全。

3. 人身安全风险

随着人工智能与物联网的深入结合，智能产品日益应用到人们的家居、医疗、交通等工作生活中，一旦这些智能产品（如智能医疗设备、无人驾驶汽车等）遭受网络攻击，可能危害人身安全。

4. 网络安全风险

人工智能算法、系统和应用可能遭受恶意网络攻击。例如，通过实施一些干扰技术，计算机在进行深度学习时容易被欺骗；利用数据欺诈等手段远程控制无人驾驶汽车，让汽车偏航甚至逼停汽车造成事故等。

5. 隐私保护风险

人工智能驱动的应用需要建立起丰富的数据集，数据收集使用时可能面临数据安全和隐私保护问题。以无人驾驶为例，自动驾驶车辆网络的有效运转需要依赖大量位置数据及其他个人数据，这种大规模的数据实践可能带来诸多层面的数据安全和隐私保护风险。

6. 法律伦理挑战

人工智能的目标是使机器像人类一样去理性思考和行动，但随着人工智能的应用推广和智能化程度提高，会面临现有法律、社会规范和道德伦理的挑战，如何确定人工智能产品或系统的法律主体、权利、义务和责任，以及如何确保研究人员开发出与现有法律、社会规范和道德伦理一致或相符的算法和架构等方面都面临挑战。

7. 其他风险

第三方组件问题也会存在问题，包括对文件、网络协议、各种外部输入协议的处理都会出问题。若被黑客利用，会带来毁灭性的灾难。

 人工智能的伦理问题

人工智能伦理问题包括诸多方面。

1. 算法偏差和机器歧视问题

机器的工作速度、工作精度、工作态度都高于自然人，但是，机器也会出错，包括机器算法偏差和歧视问题。例如，谷歌推出的机器人误把两名黑人标注为"大猩猩"；微软公司推出的聊天机器人，在发布 24 小时内，就成为一个集反犹太人、性别歧视、种族歧视于一身的"不良少女"。这就是一个伦理的问题，所以如何为机器人设置最低的道德标准和道德框架，是非常重要的问题。

2. 虚拟环境"麻醉"问题

在未来的人工智能时代，我们将会被无穷尽的电子信息所包围，人与人之间的交往有可能被人机之间的交往所取代，人工智能的模拟行为在很大程度上会取代人的自主行为，这就出现了虚拟环境的"麻醉"问题。从生活到办公，所有的事情都由机器人协助处理，人类是否会日渐沉迷于人工智能及其营造的虚拟环境？人的生存和发展的本来意义何在？这同样涉及伦理方面的问题。

3. 人机情感危机问题

我们所讲的社会指人类共同体所组成的社会，是人与人之间正常交往的社会，但是，未来的机器人可能会带来人机的情感危机。现在我们不仅发明了代替体力劳动的工业机器人，还发明了代替了脑力劳动的机器人，甚至还可以发明代替人类情感的伴侣机器人、性爱机器人。这无疑会给人类社会的正常发展和生活趣味带来极大的挑战。

 人工智能的监管问题

如上所述，人工智能导致的问题可能很多，如何进行监管？这就需要多元共治，主要是政府的监管，其次是行业自治和企业自律。

目前，监管存在的问题首先是监管领域的空白。如在无人驾驶领域，政府监管、法律规则都还是空白的，无人驾驶的准入政策、安全标准、配套设施都需要从法律层面加以规制。国家应该进行研究并在必要的时候出台相应的文件，包括法律文件。

其次是人工智能监管的技术壁垒。人工智能对监管的技术要求更高。如机器人讲粗话、说脏话、性别歧视和种族歧视，这个过程是如何进行的，为什么会出现计算偏差的问题？需要了解整个人工智能发生作用的前过程，所以，监管技术的研究也必须跟上。

人工智能时代，应确立以安全为核心的多元价值目标，构建以伦理为先导的社会规范调控体系，以技术和法律为主导的风险控制机制。

一方面，法律控制是风险治理机制的重要手段，国家层面应制定相关法律对计算机创作物进行规制。另一方面，技术控制是风险治理机制的重要措施。风险规避的主要路径，是事先预防而不是事后补救。风险规避应从技术研发到应用过程有相对的责任制度，包括社会道义责任、科学伦理责任和法责任。风险规避的重要措施，是奉行技术民主原则，包括技术信息适度公开和公众参与、公众决策。

能力测试 4

题目一： 专家系统遍地开花，人工智能转向实用的阶段是（　　　）。

A. 反思期　　　　B. 进步期　　　　C. 应用期　　　　D. 低迷期

核心要点： 人工智能的发展历史。

思路分析： 20 世纪 70 年代出现的专家系统模拟人类专家的知识和经验

解决特定领域的问题，实现了人工智能从理论研究走向实际应用、从一般推理策略探讨转向运用专门知识的重大突破。

题目解答： 正确答案是 C 选项。

题目二： 刷脸支付是人工智能哪方面的应用？（　　）

A. 语音识别　　　B. 图像识别　　　C. 文字识别　　　D. 指纹识别

核心要点： 人工智能与社会生活。

思路分析： 图像识别技术是人工智能的一个重要领域。现阶段人脸识别是图像识别技术最广泛的应用，人脸识别主要运用在安全检查、身份核验与移动支付中。文字识别和指纹识别是图像识别技术在其他方面的应用。

题目解答： 正确答案是 B 选项。

题目三： 下面哪个不可能是人工智能引发的安全风险问题？（　　）

A. 人工智能系统的运行偏离设计者意图的状况，甚至造成灾难

B. 在围棋对弈中机器人战胜人类

C. 无人驾驶小车撞人

D. 机器人抢夺人的工作岗位

核心要点： 人工智能的安全与伦理。

思路分析： 安全风险问题通常会对人、社会或财物造成危害。在 A、C、D 三个选项中都或多或少存在危害，而选项 B 不存在危害，所以选项 B 不是安全风险问题。

题目答案： 正确答案是 B 选项。

附 加 习 题

1. 互联网推动人工智能不断创新和实用的阶段是（　　）。

A. 反思期   B. 低迷期   C. 应用期   D. 稳步期

2. 一个盲人要打电话可以用下面哪个人工智能服务？（   ）

A. 人脸识别   B. 指纹识别   C. 语音识别   D. 图像识别

3. 人工智能伦理问题包括诸多方面，下面哪个不可能？（   ）

A. 算法偏差   B. 机器陪伴   C. 机器人伤人   D. 情感危机

4. 人工智能的法律问题不包括（   ）。

A. 主体责任问题   B. 隐私保护问题

C. 责任承担问题   D. 责任违约问题

本专题附加习题参考答案： 1. D   2. C   3. C   4. D

为深入贯彻《新一代人工智能发展规划》和《全民科学素质行动规划纲要（2021—2035 年）》中关于青少年人工智能教育的要求，推动青少年人工智能教育的普及与发展，支持开展形式多样的人工智能科普活动等工作，全国高等学校计算机教育研究会与全国高等院校计算机基础教育研究会共同发布了全国信息技术标准化技术委员会教育技术分技术委员会（CELTSC）团体标准——《青少年编程能力等级　第 5 部分：人工智能编程》（T/CERACU/AFCEC 100.5—2022）。

本标准编写的目的是通过制定循序渐进的能力目标，规范青少年人工智能编程教育的课程建设、教材建设与能力测试。

本标准将人工智能编程能力划分为四级，表 A-1 为人工智能编程能力等级划分，每个级别包含五种 AI 能力，如图 A-1 所示。

图 A-1　人工智能五种能力

表 A-1　人工智能编程能力等级划分

等　级	能　力　要　求
一级	了解人工智能基础知识，了解身边的人工智能应用；初步认识人工智能图形化编程平台
二级	掌握人工智能图形化编程平台的编程功能，理解语音识别和图像识别技术及其应用；初步认识人工智能硬件，能实现简单的人工智能应用开发
三级	了解人工智能教学环境中常用的输入与输出设备，初步认识神经网络模型；能基于适合的输入与输出设备设计具有相应功能的人工智能应用程序
四级	了解人工智能基础算法，能够基于示例完成神经网络算法的验证与改编，了解核心算法的基本概念

　　青少年人工智能编程要掌握的内容包括了解人工智能的特点与应用范围；理解大数据、算力与算法对人工智能技术的支撑作用；体验人工智能在相关领域的应用；初步掌握青少年人工智能编程的基础知识和基本方法。《青少年编程能力标准　第 5 部分：人工智能编程》一级包括 15 个核心知识点及对应的能力要求，具体说明如表 A-2 所示。

表 A-2　人工智能编程一级核心知识点与能力要求

编号	知识点名称	能　力　要　求
1	人工智能的基本概念	—
1.1	身边的人工智能	了解人工智能在生活中的应用。可以根据描述或生活体验判断某项功能或某种产品是人工智能的应用（如智能音箱、语音助手、天气助手、地图导航、人脸和车牌识别门闸、无人驾驶汽车）
1.2	人工智能三要素概述	了解人工智能具有三要素：数据、算法、算力，了解其在生活应用中的体现
1.3	人工智能中的语音识别和图像识别	了解人工智能主要技术，了解人工智能中语音识别、图像识别应用，能够辨别身边的人工智能应用，包括但不限于语音识别和图像识别等方面
2	人工智能编程	—
2.1	人工智能图形化编程平台的使用	了解人工智能图形化编程平台中人工智能模块的使用方法，会打开和运行程序示例
2.2	人工智能图形化编程的基本要素	了解人工智能图形化编程的基本要素（如舞台、角色、造型、背景、人工智能模块）之间的关系

编号	知识点名称	能力要求
2.3	人工智能图形化编程平台基础功能主要区域的划分及使用	了解在人工智能图形化编程平台主要区域（如舞台区、角色区、人工智能指令模块区、创作区）的划分及素材（如角色、背景和音乐）的使用
2.4	基本文件操作	了解基本的文件操作，能够打开、新建、命名和保存文件，能够打开人工智能程序示例
2.5	程序的启动和停止	了解人工智能程序示例的启动和停止的方法
2.6	算法的三种程序基本结构	了解程序的三种基本程序结构，能分辨出具有不同结构的简单程序
2.7	人工智能图形化编程平台参数调整	人工智能图形化编程平台功能中，能够根据任务要求在平台的样例程序中修改参数，完成人工智能程序的参数调整
3	人工智能应用	—
3.1	语音识别和图像识别的应用领域	了解语音识别和图像识别在生产生活中的应用，并能够借助人工智能硬件完成人工智能的学习与体验。例如了解智能家居、智能校园、智能物流、智能交通、智能医疗等场景的应用
3.2	体验简单人工智能程序	能够使用人工智能图形化编程平台体验程序示例
4	人工智能发展与挑战	—
4.1	人工智能的发展与历史	了解人工智能发展历程中出现的重要人物和事件，初步形成自己的认知观，能够总结并表述出所学内容
4.2	人工智能与社会生活	了解人工智能技术给生活带来的变化与积极影响。通过了解人工智能在生活的作用，感受人工智能给生活生产带来的便利
4.3	人工智能安全与伦理	了解人工智能应用可能会给人类社会带来的风险。了解人工智能应用的安全、伦理和隐私问题

参 考 文 献

[1] 周颖，郑文明，等.人工智能基础（中学版）[M].北京：机械工业出版社，2020.

[2] 晓鸥，陈玉琨.人工智能基础（高中版）[M].上海：华东师范大学出版社，2018.